生物化学实验

主　编：向乾坤　汤文浩　梅　辉
副主编：王永立　夏光辉
编　者：（以姓氏笔画为序）
王　静　王永立　向乾坤
汤文浩　汪　杰　夏光辉
梅　辉　梅双喜　彭　玲

华中师范大学出版社

内容提要

本书的编写以强化实验动手能力为目的，力求原理阐述简明扼要，方法叙述具体详尽，操作设计重复性好，灵敏度高。内容既涉及生物化学实验的基本要求，也包括分光光度法、层析法和电泳分析等现代生物化学技术的应用。

本书可供生物工程、生物技术和制药工程以及相关专业的本、专科学生使用，也可供从事与生物科学有关的工作人员阅读与参考。

新出图证(鄂)字 10 号

图书在版编目(CIP)数据

生物化学实验/向乾坤，汤文浩，梅辉主编. —3 版. —武汉：华中师范大学出版社，2020.7
ISBN 978-7-5622-9044-5

Ⅰ.①生… Ⅱ.①向… ②汤… ③梅… Ⅲ.①生物化学—实验—高等学校—教材
Ⅳ.①Q5-33

中国版本图书馆 CIP 数据核字(2020)第 083217 号

生物化学实验

主　　编：向乾坤　汤文浩　梅　辉©
责任编辑：张子文　鲁　丽　　**责任校对：**骆　宏　　**封面设计：**胡　灿
编 辑 室：第二编辑室　　**电　　话：**027-67867362
出版发行：华中师范大学出版社
地　　址：湖北省武汉市珞喻路 152 号　　**邮　　编：**430079
销售电话：027-67861549
邮购电话：027-67861321　　**传　　真：**027-67863291
网　　址：http://press.ccnu.edu.cn　　**电子信箱：**press@mail.ccnu.edu.cn
印　　刷：武汉兴和彩色印务有限公司　　**督　　印：**刘　敏
字　　数：275 千字
开　　本：787 mm×1092 mm　1/16　　**印　　张：**11.5
版　　次：2020 年 7 月第 3 版　　**印　　次：**2020 年 7 月第 1 次印刷
定　　价：30.00 元

欢迎上网查询、购书

前言

生物科学是进入21世纪以来创新最为活跃、影响最为深远的学科领域之一，生物产业也是我国重点发展的战略性新兴产业，其对建设“健康中国”具有重要意义。生物产业的革新依托生命科学的不断发展，生物化学的理论与方法为研究生命科学以及其他分支学科所必不可少，工业、农业、医药、食品、能源、环境科学等越来越多的研究领域都以生物化学理论为依据，以其实验技术为手段，该课程的教学也越来越重视生物化学实验课的教学效果。

为了培养基础扎实、实践能力强、有创新意识和创业能力的高素质应用型人才，我们集合了多所高校的资源，由长期从事生物化学实验教学的教师共同编写了这本教材。教材自出版以来，因其始终坚持“必需、够用”的原则，采用繁简适宜、言简意赅的编写方法，得到了众多读者的喜爱，特别是一些应用型高校的师生，在教学中使用起来都比较得心应手。

此次修订再版，是基于多年的教学和探索经验的积累，是适应相关学科领域发展形势的需要。本次修订的内容主要包括以下几个方面：一是对原版“第一部分”的章节顺序进行了调整；二是对原版“第二部分”与“第三部分”中的实验项目进行了整合与更新，将原版“第二部分”中的全部实验统一归入“第三部分”，并进行了实验顺序的重排；三是对少量内容进行修订，并新增了实验。通过修订，使得教材的体系结构更加合理、适用性更强。

本书主要分为四个部分。第一部分为生物化学实验的基本要求，包括实验室规则、实验室安全及防护知识、常用仪器使用方法、实验样品的制备、实验的准确性、实验记录及报告。第二部分为生物化学基本实验技术，其中包括分光光度技术、层析技术、电泳技术、离心技术、生物大分子制备技术。第三部分是生物化学实验，所选实验有定性、定量以及综合实验。第四部分是附录，包括常用生化试制的配制方法、常用生化材料的性能参数等。

本次改版主要由武汉生物工程学院、湖北生物科技职业技术学院、周口师范学院的一线实验教学教师完成，参加编写的老师有向乾坤、汤文浩、梅辉、王永立、夏光辉、汪杰、王静、梅双喜和彭玲，全书由向乾坤统稿。

由于编者水平有限，遗漏与错误之处在所难免，我们恳请广大师生在使用过程中提出宝贵意见和建议，以臻完善。

编　者

2020年5月

目　录

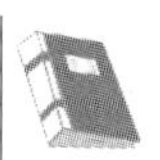

第一部分　生物化学实验的基本要求

一、实验室规则

1. 实验课必须提前5分钟到实验室，不迟到，不早退。

2. 应自觉遵守课堂纪律，维护课堂秩序，保持室内安静，不得大声谈笑，不允许随便打电话。

3. 使用仪器、药品、试剂和各种物品必须注意节约，不要使用过量的药品和试剂。应特别注意保持药品和试剂的纯净，严防混杂污染。试剂用完后应及时归放到试剂架上，便于别人使用，试剂瓶塞不得混用。

4. 实验台、试剂药品架必须保持整洁，仪器药品摆放井然有序。实验完毕，需将药品、试剂排列整齐，仪器洗净倒置放好，实验台面抹拭干净，经教师验收仪器后，方可离开实验室。

5. 使用和洗涤仪器时，应小心谨慎，防止损坏仪器。使用精密仪器时，应严格遵守操作规程，发现故障应立即报告教师，不要自己动手检修。

6. 使用洗液时不得滴到桌面和地面上，将要洗涤的仪器放在搪瓷盆内进行洗涤。

7. 注意安全。实验室内严禁吸烟，煤气灯应随用随关，必须严格做到：火在人在，人走火灭。不能直接加热乙醇、丙酮、乙醚等易燃品，需要时要远离火源操作和放置，实验完毕，应立即关好煤气阀门和水龙头，拉下电闸。离开实验室以前，应认真负责地进行检查，严防安全事故的发生。

8. 在实验过程中要听从教师的指导，严肃认真地按操作规程进行实验，并简要、准确地将实验结果和数据记录在实验记录本上，实验完成后经教师检查同意，方可离开，课后写出实验报告。

9. 废弃液体（强酸、强碱溶液必须先用水稀释）可倒入废液桶内。废纸、火柴头及其他固体废弃物和带有渣滓沉淀的废弃物都应倒入废品缸内，不能倒入水槽或到处乱扔。

10. 仪器损坏时，应如实向教师报告，认真填写损坏仪器登记表。

11. 实验室内一切物品，未经本室负责教师批准，严禁携出室外，借物必须办理登记手续。

12. 每次实验课安排学生轮流值日。

二、实验室安全及防护知识

在生物化学实验室里，着火、爆炸、中毒、触电和割伤的危险时刻存在。因此每一位在生物化学实验室工作的人员都必须有高度的安全意识、严格的防范措施和丰富实用的防护救治知识，一旦发生意外能正确地进行处置，以防事故进一步扩大。

(一) 着火

生物化学实验室中经常使用大量的有机溶剂，如甲醇、乙醇、丙酮、氯仿等，而实验室

又经常使用电炉等火源，因此极易发生着火事故，常用有机溶剂的易燃性见表 1-1。

表 1-1　常用有机溶剂的易燃性

名称	沸点/℃	闪点①/℃	自燃点②/℃
乙醚	34.5	−40	180
丙酮	56	−17	538
二硫化碳	46	−30	100
苯	80	−11	
乙醇(体积分数，95%)	78	12	400

① 闪点：液体表面的蒸气和空气的混合物在遇明火或火花时着火的最低温度；

② 自燃点：液体蒸气在空气中自燃时的温度。

由表 1-1 可以看出：乙醚、二硫化碳和苯的闪点都很低，因此不得存放于可能会产生电火花的普通冰箱内。低闪点液体的蒸气只需接触红热物体的表面便会着火，其中二硫化碳尤其危险。预防火灾必须严格遵守以下操作规程：

1. 严禁在开口容器和密闭体系中用明火加热有机溶剂，只能使用加热套或水浴加热。

2. 废有机溶剂不得倒入废物桶，只能倒入回收瓶，以后再集中处理。量少时用水稀释后排入下水道。

3. 不得在烘箱内存放、干燥、烘焙有机物。

4. 在有明火的实验台面上不容许放置开口的有机溶剂或倾倒有机溶剂。

实验室中一旦发生火灾切不可惊慌失措，要保持镇静，根据具体情况正确进行灭火或立即报火警(火警电话：119)：

1. 容器中的易燃物着火时，用灭火毯盖灭。因已确证石棉有致癌性，故改用玻璃纤维作灭火毯。

2. 乙醇、丙酮等可溶于水的有机溶剂着火时可以用水浇灭，汽油、乙醚、甲苯等有机溶剂着火时不能用水，只能用灭火毯和沙土盖灭。

3. 导线、电器和仪器着火时不能用水和二氧化碳灭火器灭火，应先切断电源，然后用 1211 灭火器(内装二氟一氯一溴甲烷)灭火。

4. 个人衣服着火时，切勿慌张奔跑，以免风助火势，应迅速脱掉着火衣物，用水龙头浇水灭火，若火势过大可就地卧倒打滚以压灭火焰。

(二) 爆炸

生物化学实验室防止爆炸事故是极其重要的，因为一旦发生爆炸，其毁坏力极大，后果将十分严重。生物化学实验室常用的易燃物蒸气在空气中的爆炸极限(体积分数，%)见表 1-2。

表 1-2　易燃物蒸气在空气中的爆炸极限

名称	爆炸极限/%	名称	爆炸极限/%
乙醇	1.9～36.5	丙酮	2.6～13
甲醇	6.7～36.5	乙醇	3.3～19
氢气	4.1～74.2	乙炔	3.0～82

加热时会发生爆炸的混合物有：有机化合物和氧化铜、浓硫酸和高锰酸钾、三氯甲烷

和丙酮等。

常见的引起爆炸事故的原因有：① 随意混合化学药品，并使其受热、受摩擦和撞击；② 在密闭的体系中进行蒸馏、回流等加热操作；③ 在加压或减压实验中使用了不耐压的玻璃仪器，或反应过于激烈而失去控制；④ 易燃易爆气体大量溢入室内；⑤ 高压气瓶减压阀摔坏或失灵。

(三) 中毒

生物化学实验室中常见的有毒物有：氰化物、砷化物、乙腈、甲醇、氯化氢、汞及其化合物等。中毒的原因主要是不慎吸入、误食或由皮肤渗入。

中毒的预防措施有：① 保护好眼睛最重要，使用有毒或有刺激性气体时，必须戴防护眼镜，并应在通风橱内进行；② 取用毒品时必须戴橡皮手套；③ 严禁用嘴吸移液管，严禁在实验室内饮水、进食、吸烟，禁止赤膊和穿拖鞋；④ 不要用乙醇等有机溶剂擦洗溅洒在皮肤上的药品。

中毒急救的方法主要有：① 误食了酸和碱，不要催吐，可先立即大量饮水，误食碱者再喝些牛奶，误食酸者，饮水后再服 $Mg(OH)_2$ 乳剂，最后喝些牛奶；② 吸入了毒气，立即转移到室外，解开衣领，休克者应施以人工呼吸，但不要用口对口法；③ 砷和汞中毒者应立即送医院急救。

(四) 外伤

1. 眼部外伤

眼内若溅入任何化学药品，应立即用大量水冲洗15 min，不可用稀酸或稀碱冲洗。若有玻璃碎片进入眼内则十分危险，必须十分小心谨慎，不可自取，不可转动眼球，可任其流泪，若碎片不出，则用纱布轻轻包住眼睛，急送医院处理。若有木屑、尘粒等异物进入，可由他人翻开眼睑，用消毒棉签轻轻取出或任其流泪，待异物排出后再滴几滴鱼肝油。

2. 皮肤灼伤

(1) 酸灼伤：先用大量水冲洗，再用稀 $NaHCO_3$ 或稀氨水浸洗，最后再用水洗。

(2) 碱灼伤：先用大量水冲洗，再用 1%(质量分数)硼酸或 2%(体积分数)醋酸浸洗，最后再用水洗。

(3) 溴灼伤：这很危险，伤口不易愈合，一旦灼伤，立即用 20%(质量分数)硫代硫酸钠冲洗，再用大量水冲洗，包上消毒纱布后就医。

3. 烫伤

使用火焰、蒸汽、红热的玻璃和金属时易发生烫伤，应立即用大量水冲洗和浸泡。若起水泡则不可挑破，包上纱布后就医。轻度烫伤可涂抹鱼肝油和烫伤膏等。

4. 割伤

这是生物化学实验室中常见的伤害，要特别注意预防，尤其是在向橡皮塞中插入温度计、玻璃管时一定要用水或甘油润滑，用布包住玻璃管轻轻旋入，切不可用力过猛，若发生严重割伤时要立即包扎止血，就医时务必检查伤部神经是否被切断。

实验室应准备一个完备的小药箱，专供急救时使用。药箱内应备有：医用酒精、红药水、紫药水、止血粉、创可贴、烫伤油膏(或万花油)、鱼肝油、1%(质量分数)硼酸溶液或2%(体积分数)醋酸溶液、1%(质量分数)碳酸氢钠溶液、20%(质量分数)硫代硫酸钠溶液、医用镊子和剪刀、纱布、药棉、棉签、绷带等。

(五) 触电

生物化学实验室中要使用大量的仪器、烘箱和电炉等,因此每位实验人员都必须要熟练地安全用电,避免发生一切用电事故。当 50 Hz 的电流通过人体,电流强度为 25 mA 时呼吸会发生困难,电流强度达 100 mA 以上时会致死。

1. 防止触电:① 不能用湿手接触电器;② 电源裸露部分都应绝缘处理;③ 坏的接头、插头、插座和不良导线应及时更换;④ 先接好线路再插接电源,反之先关电源再拆线路;⑤ 仪器使用前先要检查外壳是否带电;⑥ 如有人触电先要切断电源再救人。

2. 防止电器着火:① 保险丝、电源线的截面积、插头和插座都要与使用的额定电流相匹配;② 三条相线要平均用电;③ 生锈的电器、接触不良的导线头要及时处理;④ 电炉、烘箱等电热设备不可过夜使用;⑤ 仪器长时间不用要拔下插头并及时拉闸;⑥ 电器电线着火时不可用泡沫灭火器灭火。

三、常用仪器使用方法

(一) 移液器的使用

1. 基本原理

移液器(又称移液枪、取液器)是一种取样量连续可调的精密取液仪器,其基本原理是:活塞上下移动,移动的距离是由调节轮控制螺杆机构来实现的,推动按钮带动推杆使活塞向下移动,排出了活塞腔内的气体;松手后,活塞在复位弹簧的作用下恢复其原位,从而完成一次吸液过程。

2. 操作方法(参见图 1-1)

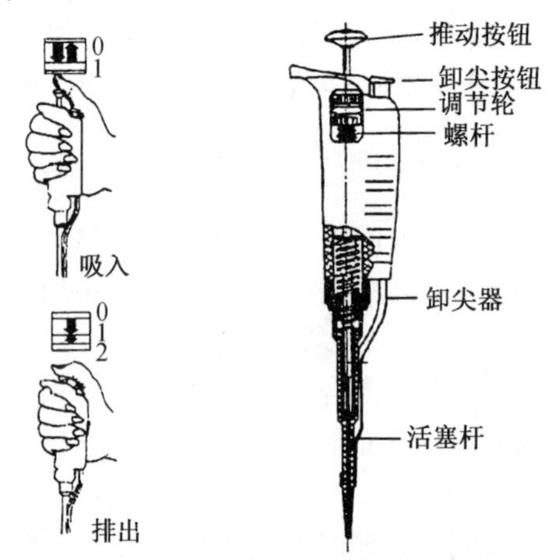

图 1-1　移液器的使用方法

(1) 将一个吸液尖装在吸液杆上,推到套紧位置以保证气密性。

(2) 转动调节轮,使读数显示为所要吸取液体的体积。

(3) 轻轻按下推动按钮,将推动按钮由位置“0”推到位置“1”。

(4) 手握移液管,将吸液尖垂直浸入待取液体中,浸入深度为 2 mm～4 mm。

(5) 经 2 s～3 s 后缓慢松开推动按钮,即从推动按钮位置“1”复位到“0”位,完成吸液过程,停留 1 s～2 s 后将移液器移出液面。

(6) 用纱布或滤纸将粘在尖头外表面的液体擦掉。注意不要接触到吸液尖头部的孔表面。

(7) 将吸液尖头部放入被分配的容器中，使尖口贴着容器的内壁，然后慢慢按下推动按钮至位置“1”，继续按至位置“2”，此时液体应全部排净。

(8) 将吸液尖口部沿着容器内壁滑动几次，然后移走移液器，松开推动按钮，按卸尖按钮推掉吸液尖，即完成一个完全的操作过程（5 000 μL 移液器不带卸尖器）。

3. 使用注意事项

(1) 移液器属于精密仪器，取液前应先调好调节轮。

(2) 排液时要按到二挡，即至图示位置“2”，以便排净液体。

(3) 为获得较好的精度，在取液时应先用吸液的方法浸渍吸液尖，以消除误差。因为当所吸液体是血浆类、石油类及其他有机类液体时，吸液尖的内表面会留下一层薄膜。而这个值对同一个吸液尖是一个常数。如果将这个吸液尖再浸一次，则精度是可以保证的。

(4) 浓度大的液体消除误差的补偿量由实验确定，其取液量可通过增加或减少轮的读数加以补偿。

(5) 当移液管中有溶剂时，移液管不准放倒，防止残留液体倒流。

(6) 吸取少量液体时最好不要用大体积的移液器。

(7) 使用移液器之前应看清楚其刻度，不要调节超过其最大刻度。

(二) 吸管的使用

吸管是生物化学实验中最常用的取量容器。用吸管移取溶液时，一般用右手的中指和拇指拿住管颈刻度线上方，将管尖插入溶液内大约 1 cm 处，不得过深或过浅。左手拿洗耳球吸液体至所需刻度上，立即用右手食指按住管口，提升吸管离开液面，使吸管末端靠在盛溶液器皿的内壁上，略为放松食指，使液面平稳下降，直至溶液的弯月面与刻度线相切（注意，此时液面弯月面、刻度和视线应在一个水平面上），立即用右手食指压紧管口，取出吸管，插入接入容器中，吸管垂直，管尖靠在接收器内壁，与其约呈 15°夹角，松开食指，使液体自然流出。标有“吹”字的刻度吸管以及奥氏吸管应吹出尖端残留液体，其他吸管则不吹出尖端残留液体。

量取液体时，应选取液量最接近的吸管。如欲取 1.5 mL 液体，应选用 2.0 mL 的刻度吸管，另外，在加同种试剂于不同试管中、且所取量不同时，应选择一支与最大取液量最接近的刻度吸管。例如，各试管中应加试剂量为 0.3 mL，0.5 mL，0.7 mL，0.9 mL，则应选用一支量程为 1.0 mL 的吸管。

(三) 过滤和离心

在生物化学实验中，过滤的作用有三方面：收集滤液、收集沉淀、洗涤沉淀。在生物化学实验中如收集滤液应选用干滤纸，不应先用水弄湿滤纸，因为湿滤纸会影响滤液的稀释比例。另外，收集沉淀时，如须用有机溶液洗涤沉淀（如用乙醇或乙醚洗涤 RNA 粗品），也不能先用水润湿滤纸，较粗的过滤可用脱脂棉或纱布代替滤纸。

欲使沉淀与母液分开，当沉淀有黏性，沉淀颗粒小，容易透过滤纸，沉淀量过多而疏松，或沉淀量很少，需要定量测定，过滤和离心都可以达到目的；母液黏稠，母液量很少，分离时应减少损失，沉淀和母液必须迅速分开，或为一般胶体溶液，则需选用离心法。离心机是利用离心力分离母液和沉淀的一种仪器，现以 TDL-50B 型为例介绍操作步骤，其

结构简图如图 1-2a 所示。

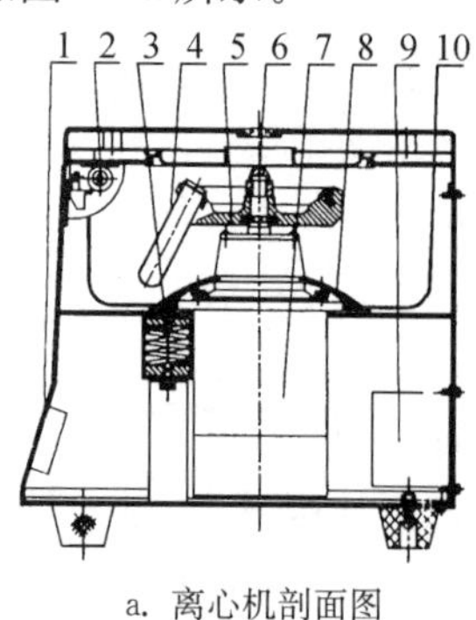

a. 离心机剖面图

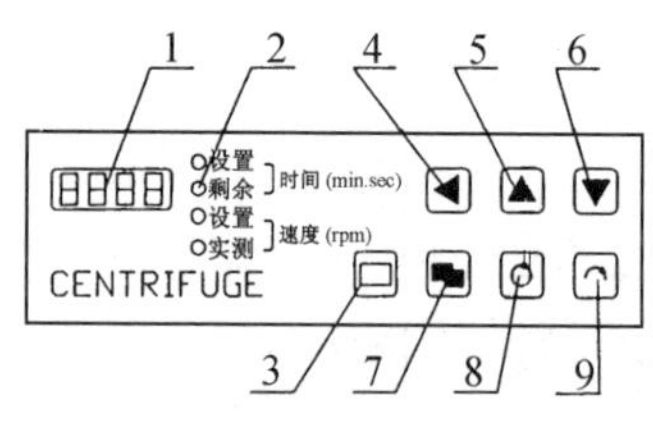

b. 离心机控制面板

图 1-2　TDL-50B 型离心机

1. 控制面板　2. 机架　3. 减震装置　4. 离心管　5. 转子　6. 转轴螺母　7. 电机　8. 密封圈　9. 电器控制系统　10. 离心腔

操作程序：

1. 仪器控制面板如图 1-2b 所示

控制面板上相应各部分的功能见表 1-3。

表 1-3　离心机控制面板上各部分的功能

序号	名称	功　能
1	数码管	用以显示仪器的转速、时间等参数。
2	指示灯	数码管显示参数值时，该参数对应的指示灯点亮。
3	功能键	按该键可使 4 只指示灯切换点亮，同时数码管显示相应的参数值。
4	◀	数字选择换位键，按此键可使数码管闪烁位左移。
5	▲	增键，按此键可使数码管闪烁位由 0～9 变化。
6	▼	减键，按此键可使数码管闪烁位由 9～0 变化。
7	记忆键	按此键，贮存所修改的参数值。
8	开机键	启动离心机。
9	关机键	停止离心机。

2. 操作步骤

（1）将样品等量放置在离心管内，并将其对称放入转头。

（2）拧紧盖型螺母，盖好盖门，将仪器接上电源，此时数码管显示“闪烁”的“0000”，表示仪器已接通电源。

（3）如需调整仪器的运行参数（运转时间和运转速度），可以按功能键，使相应的指示灯点亮，数码管即显示该参数值，此时可用“◀”和“▲”及“▼”键相结合调整该参数至需要的值，并按记忆键确认贮存。

(4) 按开机键启动仪器。仪器运行过程中数码管显示转速,当需要检查其他参数时,可按功能键,使该参数对应的指示灯点亮,数码管即显示该参数值。当仪器运行完所设定的时间后或中途停机,停机过程中数码管闪烁显示转速,属正常现象。

3. 注意事项

(1) 安全、正确使用离心机,关键在于做好离心前的平衡。

(2) 为确保安全和离心效果,仪器必须放置在固定的水平台面上,工程塑料盖门上不得放置任何物品;样品必须对称放置,并在开机前确保已拧紧螺母。

(3) 应经常检查转头及试验用的离心管是否有裂纹、老化等现象,如有应及时更换。

(4) 试验完毕后,需将仪器擦拭干净,以防腐蚀。

(四) 电热恒温鼓风干燥箱的使用

干燥箱(如图 1-3、图 1-4 所示)用于物品干燥、烘焙、熔蜡、灭菌等。

1. 使用方法

(1) 将需干燥处理的物品放入干燥箱内,关好门。

(2) 电源开关拨至"1"处,此时电源指示灯亮,控温仪上有数字显示。

(3) 温度设定

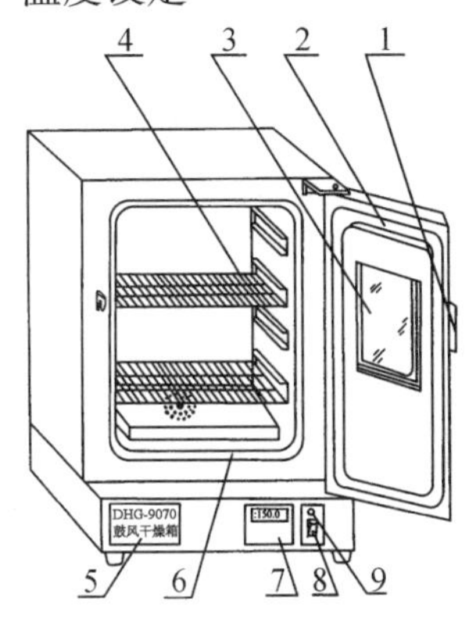

图 1-3 立式 DHG-$^{9000}_{9006}$型示意图

1. 门拉手 2. 箱门 3. 观察窗 4. 隔板 5. 铭牌 6. 硅橡胶密封圈 7. 控温仪 8. 电源开关 9. 电源指示灯

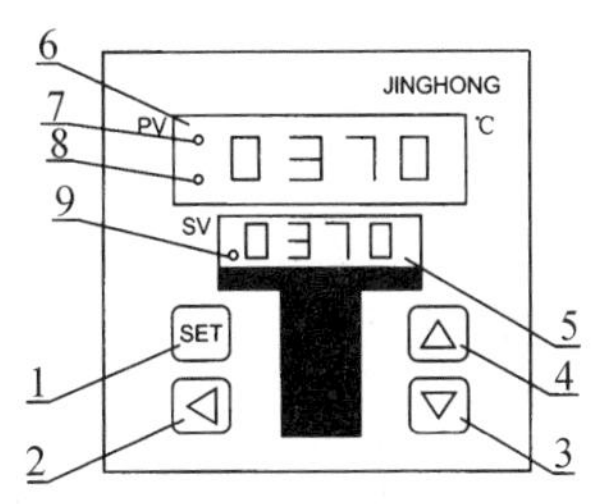

图 1-4 智能控温仪面板

1. 功能键 SET 2. 移位键◁ 3. 减键▽ 4. 加键△ 5. 设定温度显示 SV 6. 箱内温度显示 PV 7. 加热指示灯 8. 上限报警指示灯 9. 自整定指示灯

当所需加热温度与设定温度相同时不需重新设定,反之则需重新设定。先按控温仪的功能键"SET"进入温度设定状态,此时 SV 设定显示闪动,再按移位键"◁",配合加键"△"或减键"▽"操作,设定结束按功能键"SET"确认。如需设定温度150 ℃,原设定温度 86.5 ℃,先按下功能键"SET",再按移位键"◁",将光标移至显示器百位数上,后按加键"△",使百位数字从"0"升至"1",百位数设定后,移动光标依次设定十位、个位和分位数字,使设定温度显示为 150.0 ℃,按功能键"SET"确认,温度设定结束。

2. 特殊操作

(1) 跟踪报警温度设定

产品出厂前已设定高 10 ℃报警,一般不需要重新设定。需重新设定时,按功能键"SET"数秒,仪表进入上限跟踪报警设定状态"AL1",再按移位键"◁",配合加键"△"或减键 "▽"操作,最后按功能键"SET"确认,跟踪报警设定结束。

（2）ID自整定使用

如果对控温精度和波动度有较高的要求，可采用自整定控制。当箱内温度第一次将达到设定温度时，先按功能键“SET”5秒，仪表进入设定循环状态“AL1”，继续按“SET”键，使PV显示“ATU”，SV显示“0000”，然后按加键“△”使SV显示“0001”，最后按功能键“SET”确认，此时自整定指示灯亮，控温仪进入自整定控制。

（3）温度显示值修正

由于产品出厂前都经过严格的检测，一般不需要进行修正。如产品使用时的环境不佳，外界温度过高或过低，会引起温度显示值与箱内实际温度产生误差，如超出技术指标范围的，可以修正。具体步骤：先按功能键“SET”5秒，仪表进入参数设定循环状态“AL1”，继续按“SET”键，使PV显示“SC”，然后按移位键“◁”配合加键“△”或减键“▽”操作，可以进行温度修正，最后按功能键“SET”确认，温度显示值修正结束。

3. 注意事项

（1）干燥箱壳必须有效接地，以保证使用安全。

（2）干燥箱应放置在具有良好通风条件的室内，在其周围不放置易燃易爆物品。

（3）干燥箱无防爆装置，不得放入易燃易爆物品干燥。

（4）箱内物品放置切勿过挤，必须留出空间，以利热空气循环。

（五）称量仪器的使用

生物化学实验中，经常用到的称量仪器有台秤和分析电子天平。

1. 台秤

台秤又叫架盘天平或药物天平，是用于粗略称量的仪器。我国生产的台秤根据其最大称量分为100 g(感量为0.1 g)、200 g(感量为0.2 g)、500 g(感量为0.5 g)和1 000 g(感量为1 g)四种，一般使用方法如下：

（1）用台秤称量前，应根据所称的物品的重量选择合适的台秤。

（2）称量前，将游码移至标尺“0”处，调节横梁的螺丝，使指针停止在刻度的中央或使其左右摆动的格数相等。

（3）称量时，应将称重物放在左盘上，砝码放在右盘上。

（4）台秤的盘不能直接放置称量的物品，一般放在称量用纸（清洁干燥的纸即可）或表面皿上进行称重。称取液态、潮湿或有腐蚀性的物品时，应放在干燥的烧杯或称量瓶内称重。

（5）砝码盒内的砝码必须用镊子夹取。加砝码的顺序由大到小，最后移动游码。当指针停止在刻度中央或左右摇动的格数相等时，砝码的重量加上游码的重量，再减去烧杯或称量瓶（或表面皿、称量瓶、称量用纸等）的重量，就是称重物的重量。

（6）称量后，将砝码放回砝码盒中，游码移到标尺“0”处。

2. 分析电子天平

分析电子天平是生物化学实验室中进行定量分析时最主要而又常用的精密仪器之一。分析天平按其称量的精度可分为千分之一（准确到0.001 g）、万分之一或万分之二（准确到0.000 1 g或0.000 2 g），下面以BS110S型分析电子天平（如图1-5所示）为例说明其操作步骤。

（1）调水平：调整地脚螺栓高度，使水平仪内空气气泡位于圆环中央。

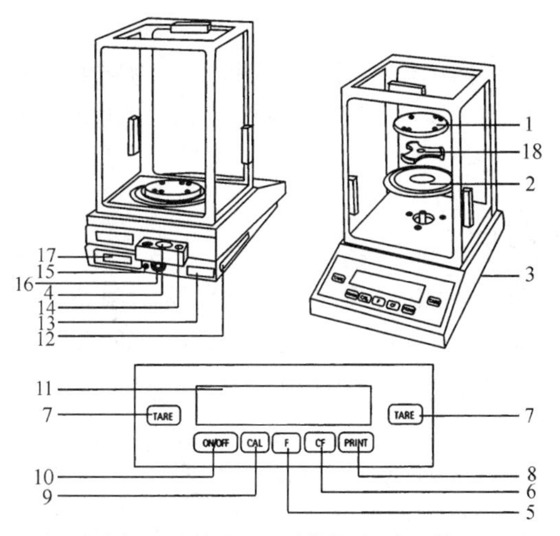

图 1-5 BS110S 型分析电子天平

1. 秤盘 2. 屏蔽环 3. 地脚螺栓 4. 水平仪 5. 功能键 6. CF 清除键 7. 除皮键 8. 打印键(数据输出) 9. 调校键 10. 开关键 11. 显示器 12. CMC 标签 13. 具有CE标记的型号牌 14. 防盗装置 15. 菜单—去联锁开关 16. 电源接口 17. 数据接口 18. 秤盘支架

(2) 开机:接通电源,按开关键“ON/OFF”,直接全屏自检。

(3) 预热:天平在初次接通电源或长时间断电后,至少需要预热 30 min,BS210S 需要预热 2.5 h 以上。因此,为取得理想的预热效果,天平应保持在待机状态。

(4) 校正:首次使用天平必须进行校正,按校正键“CAL”,天平将显示所需校正砝码质量,放上砝码直至出现“g”,校正结束。

(5) 称量:使用除皮键“TARE”,除皮清零。放置样品进行称量。

(6) 关机:天平应一直保持通电状态(24 h),不实验时将开关键关至待机状态,使天平保持保温状态,可延长天平使用寿命。

四、实验样品的制备

生物化学实验所用的材料通常由动物、植物和微生物提供,其中包括蛋白质、酶、核酸等高分子化合物。但由于得到的样品往往是多种物质的混合物,因此首先要对其进行处理。

(一) 动物肝脏

1. 冷冻

刚处死的动物的脏器要剥去脂肪和筋皮等结缔组织,若不马上进行抽提处理,应放置在−10 ℃冰箱短期保存或−70 ℃低温冰箱储存。

2. 脱脂

脱脂的方法有:人工剥去脂肪组织;浸泡在脂溶性溶剂中;采用快速加热快速冷却,使熔化的油滴冷却凝成油块而被除去;还可利用索氏提取器使油脂和水溶液分离。

(二) 微生物

用培养一段时间后的微生物菌种,离心收集上清液,浓缩后即可制备胞外有效成分。将菌体破碎后亦可提取胞内有效成分。如培养液不立即使用,可在4 ℃低温保存一周。

（三）细胞

细胞是生物体的基本结构单位。通常人们提取的物质主要分布在细胞内，因此首先必须破碎细胞。破碎细胞的方法主要包括研磨法、组织捣碎机法、超声波法、冻融法、化学处理法、酶法等。

五、实验的准确性

生物化学实验是以动、植物组织、细胞及微生物为对象，对生物体内存在的主要大分子物质，如糖、脂肪、蛋白质、核酸、酶等进行定性或定量的分析测定。定性分析是确定存在物质的种类，或粗略计算物质所占的比例；而定量分析则需要确定物质的精确含量。因此分析人员要根据实验要求对结果进行分析和总结，判断结果的准确性，认真查找出现误差的原因，并进一步研究减少误差的办法，以不断提高所得结果的准确度。

一般在实验测量过程中都会有误差产生，产生误差的原因很多，一般根据误差的性质和来源可把误差分为两类，即系统误差和偶然误差。但在掌握这些误差的可能来源的前提下，多数的误差是可以通过适当的处理来校正的。

（一）系统误差

系统误差是指在测量过程中由某些经常发生的原因所造成的误差。它对分析结果的影响比较稳定，常在重复实验时重复出现，使测定结果系统偏高或偏低。

1. 系统误差的来源

（1）方法误差：如用滤纸称量易潮解的药品；做生物实验特别是酶的实验时没有考虑温度的影响等。

（2）仪器误差：如量取液体时，按烧杯的指示刻度取液体往往会使准确度降低，需要用量筒量取；在配制标准溶液时量筒同样不够精确，要选用等体积的容量瓶定容至刻度线；不同的天平其精度差别很大，如果需要称量 100 g 以上的样品，使用托盘天平即可，但如果需要称量 1 g 样品，则选用扭力天平比较方便，称量 10 mg 以内的样品则必须使用感量为万分之一的分析天平或电子天平。

（3）试剂误差：如试剂不纯或蒸馏水不合格时，会引入微量元素或对测定有干扰的杂质，就会造成一定的误差。

（4）操作误差：如在使用移液管量取液体时，由于每人的操作手法不同，可能会存在一定的操作误差。

2. 系统误差的校正

（1）仪器校正：在实验前对使用的砝码、容量器皿或其他仪器进行校正，对 pH 计、电接点温度计等测量仪器进行标定，以减小误差。

（2）空白试验：在任何测量实验中都应包括有对照的空白试验。用同体积的蒸馏水或样品中的缓冲液代替待测液体，并严格按照待测液和标准液那样的方法处理，即得空白溶液。在最后计算时，应从实验测得的结果中扣除从空白溶液中得到的数值，即可得到比较准确的结果。

（二）偶然误差

由于难以觉察的原因或由于个人一时辨认差异，或是某些不易控制的外界因素而引起的误差称为偶然误差。偶然误差看起来似乎没有规律性，但经过多次实验发现，正误差和负误差出现的概率相等；小误差出现的频率较高，大误差出现的频率较低。因此可以通过进行多次平行试验取其平均值来弥补偶然误差。

(三) 操作误差

操作不认真，观察不仔细，没有按操作规程操作，往往会引起操作错误。所以在实验中要培养严谨的科学实验作风，养成良好的实验习惯，减少失误的发生。

六、实验记录及报告

每次实验要做到课前认真预习，实验操作中仔细观察并如实记录实验现象与数据，课后及时完成实验报告。

(一) 课前预习

实验课前要将实验名称、目的和要求、实验内容与原理、操作方法和步骤等简明扼要地写在记录本上，做到心中有数。

(二) 实验记录

在实验过程中要培养严谨的科学作风，养成良好习惯。实验条件下观察到的现象应仔细地记录下来，实验中观测到的每个结果和数据都应及时如实地直接记在记录本上。记录时必须使用钢笔或圆珠笔，并做到原始记录准确、简练、详尽、清楚。如称量实验样品的重量、滴定管的读数、分光光度计的读数等，都应设计一定的表格以准确记下正确的读数，并根据仪器的精确度和实验要求准确记录有效数字。例如，吸光度的值为 0.050，不应写成 0.05。每一个结果至少要重复观测两次以上，当符合实验要求并确知仪器工作正常后再写在记录本上。另外，实验中使用仪器的类型、编号以及试剂的规格、化学式、相对分子质量、准确的浓度等都应记录清楚，以便总结实验完成报告时进行核对和作为查找成败原因的参考依据。如果发现记录的结果丢失或有可疑之处等，都必须重做实验。

(三) 实验报告

实验结束后，应及时整理和总结实验结果，写出实验报告。按照实验内容可分为定性和定量两大类，规范的实验报告的内容包括：

实验序号　实验名称

1. 目的和要求
2. 内容与原理
3. 主要仪器及试剂配制
4. 操作方法与实验步骤
5. 结果与讨论

定性实验报告中的实验名称和目的要求必须高度概括针对该次实验课的全部内容和必须达到的目的要求。在完成实验报告时，可以按照实验内容分别写原理、操作方法、结果与讨论等。原理部分应简述基本原理。操作方法(或步骤)可用流程简图的方式或自行设计的表格来表示。结果与讨论包括实验结果及对观察现象的小结、对实验课中遇到的问题和思考题进行探讨以及对实验的改进意见等。

定量实验报告中，目的和要求、原理以及操作方法部分应简单扼要地叙述，但是必须写清楚实验条件(试剂配制及仪器)和操作的关键环节。对于实验结果部分，应根据实验

课的要求将一定实验条件下获得的实验结果和数据进行整理、归纳、分析和对比，并尽量总结成各种图表，如原始数据及其处理的表格、标准曲线图以及比较实验组与对照组实验结果的图表等。另外，还应针对实验结果进行必要的说明和分析。讨论部分可以包括：关于实验方法（或操作技术）和有关实验的一些问题，如对实验的正常结果和异常现象以及思考题进行探讨，对于实验设计的认识、体会和建议，对实验课的改进意见等。

由于生物化学实验的对象是生命体或生物活性物质，在实验中很容易受外界环境条件的影响而引起实验结果的差异。因此，在实验记录和书写实验报告时，需要实验者做到仔细、认真、实事求是，只有这样才能获得真实可靠的实验结果。

第二部分 生物化学基本实验技术

第一节 分光光度技术

分光光度法是利用物质特有的吸收光谱来鉴别物质或测定其含量的技术，常用的方法为紫外-可见分光光度法。光谱的范围，紫外光为 200 nm～400 nm，可见光为 400 nm～760 nm。该法灵敏、精确、快速、简便，在复杂组分的系统中，不需分离即能检测其中所含的极少物质，因此是生物化学实验中最常用的方法之一。

一、基本原理

当光线通过某种溶液介质时，会被分成三个部分，即在介质的表面反射或分散的光(称为反射光，用 I_r 表示)、被介质吸收的光(称为吸收光，用 I_a 表示)和通过介质的光(称为透射光，用 I_t 表示)。因此，入射光＝反射光(I_r)＋吸收光(I_a)＋透射光(I_t)。

如果我们用蒸馏水或组成此溶液的溶剂作为"空白"去校正反射、分散等因素，则 I_r 被抵消。将经过空白校正后的入射光强度用 I_0 表示，则 $I_0=I_a+I_t$。

在吸光度的测量中，有时用透光度 T 或百分透光度(%)来衡量，透光度 T 是透光光强度 I_t 与入射光强度 I_0 之比，即：

$$T=\frac{I_t}{I_0}$$

溶液的透射比越大，表示它对光的吸收越小；反之，透射比越小，表示它对光的吸收越大。为了表示物质对光的吸收程度，常采用吸光度这一概念，用 A 表示：

$$A=\lg\frac{1}{T}=\lg\frac{I_0}{I_t}$$

分光光度法的基本依据是朗伯-比尔定律。当一束平行单色光通过溶液时，溶液的浓度越大，入射光越强，则光的吸收越多，光的强度的减弱越显著。即溶液的吸光度与溶液的浓度和溶液层厚度的乘积成正比。

$$A=\varepsilon\times l\times c$$

式中：A 为吸光度；ε 为摩尔吸光系数，是物质的特征常数，是 l 为 1 cm、浓度为 1 $mol\cdot L^{-1}$时的吸光度，单位为 $L\cdot mol^{-1}\cdot cm^{-1}$；$l$ 为溶液层的厚度，单位为 cm；c 为溶液的物质的量浓度，单位为 $mol\cdot L^{-1}$。

二、测量方法

(一) 定性测量

将一系列不同波长的单色光，分别照射到待测样品溶液上，可测得相应一系列吸光度，然后以波长 λ 为横轴，吸光度为纵轴作图，可得到待测样品的吸收曲线。可根据该特

征的吸收曲线定性待测物质。实际工作中，常用λ_{max}和摩尔吸光系数ε来定性。

（二）定量测定

1. 标准曲线法

取标准品配成一系列已知浓度的标准溶液，在选定波长处（通常为λ_{max}），用同样厚度的吸收池分别测定其吸光度，以吸光度为纵坐标，标准溶液浓度为横坐标作图，得到一条通过坐标原点的直线，叫作标准曲线（如图 2-1 所示）。然后将被测溶液置于吸收池中，在同种条件下，测量其吸光度，根据吸光度即可在标准曲线上查得其对应的溶液浓度。

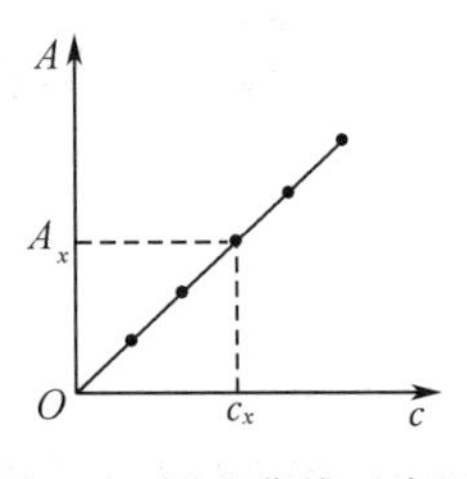

图 2-1　标准曲线示意图

这是实验室中最常用的一种定量方法，在实验时应该注意以下几点：

（1）仪器不同或测定方法及条件改变，测得的标准曲线不同，因此在更换任何测定条件时都要重新绘制标准曲线。标准曲线的制作与测定管的测定应在同一仪器上进行。

（2）吸光值的范围应控制在 0.05～1.00，否则应适当稀释或换用光径更小的比色杯。在配制样液时一般选择其浓度相当于标准曲线中部的浓度较好。

（3）正确选用参比溶液。当显色剂和反应的试剂均无颜色，而被测溶液中又无其他离子时，可用溶剂作为参比溶液，如蒸馏水。如果显色剂有颜色，则用显色剂作为参比溶液。如果显色剂本身无颜色，而被测溶液有颜色，则用不加显色剂的被测溶液作为参比溶液。

（4）制作标准曲线时至少有 5 个实验点以上，每点都要有重复实验值。所有的实验点都应分布在标准曲线上或附近。

（5）对于精确的定量测定，未知样品测定应与标准曲线的制作同时进行。

（6）操作要认真，器具要干净。

2. 标准对照法

在相同条件下测定一个已知标准溶液的吸光度和未知样液的浓度。根据朗伯-比尔定律，可以得到：

$$A_{标}=\varepsilon l c_{标}；A_{样}=\varepsilon l c_{样}$$

可得：

$$c_{样}=\frac{c_{标}A_{样}}{A_{标}}$$

3. 吸光系数法

根据朗伯-比尔定律，$A=\varepsilon lc$，若式中l和消光系数ε或$E_{1\,cm}^{1\%}$已知，即可直接求出被测物质的浓度：

$$c=\frac{A}{\varepsilon l}$$

三、仪器介绍

（一）分光光度计的主要部件

分光光度计主要包括 5 个基本部件：光源、单色器、吸收池、检测器和测量仪表。分光光度计的各部件的次序如图 2-2 所示。

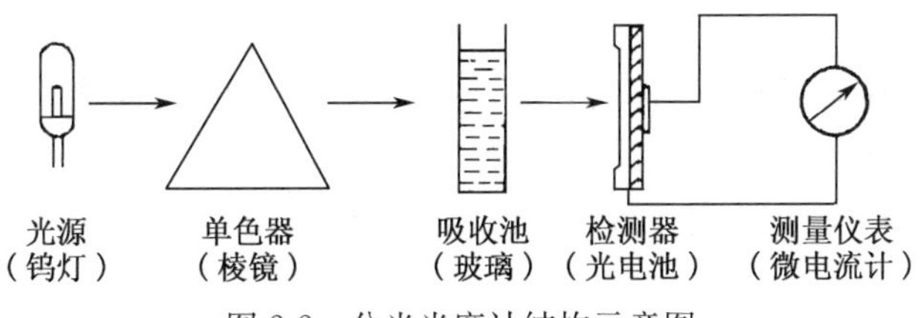

图 2-2　分光光度计结构示意图

1. 光源

钨灯能发射 350 nm～2 500 nm 波长的连续光谱，是可见分光光度计的光源。氢灯或氘灯能发射 150 nm～400 nm 波长的连续光谱，是紫外分光光度计的光源。

2. 单色器

从波长范围宽广的光线中，分出波段较窄的单色光的装置，称为单色器。单色器通常由入光狭缝、准直元件、色散元件、聚焦元件和出光狭缝组成。最常用的色散元件有棱镜和光栅。光源通过入光狭缝使光线成为细长条照射到准直镜，准直镜可使入射光成为平行光射到色散元件，色散后的光再经聚光镜聚焦到出光狭缝，转动棱镜或光栅可使所需要的单色光从出光狭缝分出。

3. 吸收池

吸收池又称比色杯，是盛样品或标准液的容器，两透光面互相平行并有精确的光程。吸收池的厚度彼此应一致，否则将影响测定的准确度。指纹、油腻及壁上的气泡或沉积物，都会影响其透光性能。在紫外光区测量时必须用石英吸收池，在可见光区测量时可用玻璃吸收池。

4. 检测器

紫外-可见分光光度计常用光电管或光电倍增管作检测器，将透射光转变成电信号并经放大后输给指示仪表或记录仪。

5. 测量仪表

仪表上刻有百分透光度（T，%）和吸光度（A）两种刻度。百分透光度是等分的，而吸光度的刻度间隔是不均匀的，它们之间是负对数的关系，现在不少分光光度计已有对数和浓度直读装置，读数比较方便。

（二）722S 型分光光度计

实验室常用分光光度计如图 2-3 所示。

这是一种数码显示的可见光分光光度计，采用衍射光栅作为单色器，卤素灯作光源，使用波长范围为 340 nm～1 000 nm。除了可直接进行透光度 T(%)和吸光度 A 的测定，还具有浓度因子直读的功能。使用方法如下（吸光度的测定）：

1. 开机预热 15 min 以上。
2. 转动波长选择钮，选用所需的波长。
3. 将分别装有空白、标准、样品的比色杯放入比色杯架，使空白管对准光路。

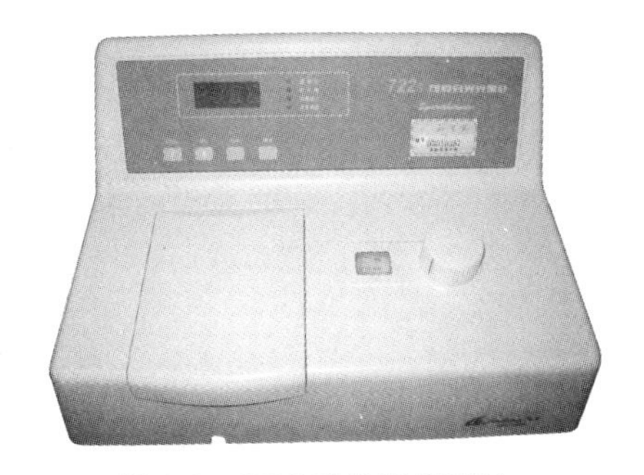

图 2-3　722S 型分光光度计

4. 打开样品室暗箱(开关自动关闭),按 0% ADJ 键,即能自动进行机械零点的调整,数码显示为 0.000。

5. 盖好比色杯暗箱盖(光门自动开启),按 100% ADJ 键,即能自动进行空白零点的调整,数码显示为 100.0(一次如有误差可再按一次)。

6. 按 MODE 键选择吸光度测定模式(ABS 灯亮),数码显示自动转换为吸光度 0.000。

7. 拉动比色杯架的拉杆,使测定杯进入光路,从数码显示屏上即可读出样品的吸光度。

8. 比色完毕后,关上电源开关,取出比色杯,将比色杯暗箱盖好,清洗比色杯并晾干。

注意第 5 步调整 100%时,整机的自动增益系统的调整可能影响到 0%,调整后请检查 0%,如有变动,可重复 5,6 两步操作。

(三) TU-1810 系列紫外-可见分光光度计

TU-1810 系列紫外-可见分光光度计是实验室精密仪器,可在可见光或紫外光的波段下对物质进行定性定量的分析。该仪器有 320×240 点阵高分辨率的液晶显示器和手触式键盘,不仅可以显示测量数据、参数、状态及人机对话信息,还能显示测量图谱。其操作步骤大致如下:

1. 开机

开机前打开仪器样品室盖,观察确认样品室内无挡光物。打开主机电源,仪器显示屏上显示有关仪器信息的界面。随后钨灯自动点亮,氘灯在钨灯点亮后约 6 s 左右自动点亮,主机自动作一系列自检工作:

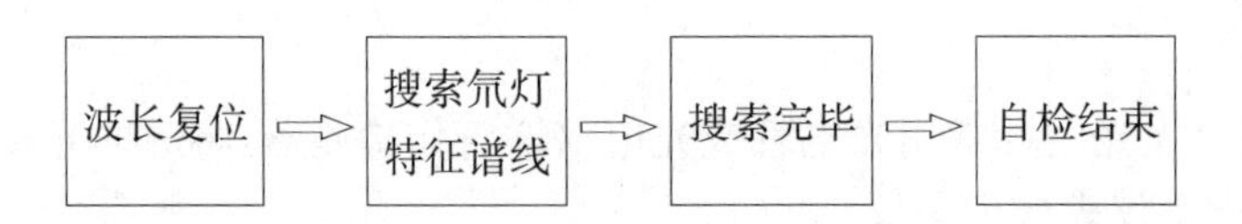

步骤	主机自检工作	LCD 显示
1	内存检查	正常
2	样品池电机复位	正常
3	波长电机复位	正常
4	狭缝电机复位	正常
5	滤光片电机复位	正常
6	光源电机复位	正常
7	钨灯检查	正常
8	氘灯检查	正常
9	波长检查	正常
10	参数检查	正常

仪器自检结束,整个过程需要 2 min,此时进入仪器操作主界面。预热 60 min 后,光源达到稳定,可以进行样品测量。

仪器主界面显示：

1. 光度测量 2. 光谱测量 3. 定量分析 4. DNA/蛋白分析 5. 系统应用

2. 光度测量

可测定样品在确定波长下的吸光度(A)或透光率(T)，完成 K 系数运算和测量数据打印等。

(1) 显示信息及功能键

在仪器主界面按[1]键选择光度测量方式，屏幕显示光度测量主界面：第一行显示当前光度测量工作模式；测量工作区显示当前工作波长(500.0 nm)和测量值(0.001 Abs)；右侧功能键提示区显示[F1]—[F4]键的功能，按键在显示器的下方：

[F1]——进入参数设定界面；

[F2]——删除测量数据，刷新屏幕；

[F3]——设置样品池状态；

[F4]——打印测量结果。

另外在此界面下操作[GOTO WL]键完成工作波长的设置，按[AUTO ZERO]键完成当前波长下自动校零的功能。

(2) 设定参数

在光度测量主界面下，按[F1]键进入光度测量参数设定界面。在本界面下可设定测量的测光方式、样品号和系数运算的系数，实验者按相应的数字进行各项参数的设置。所有参数设置完成后，按[RETURN]键返回到上一画面。

① 设定测光方式

按[1]键设定测光方式，测光方式有 Abs 和%T 两种，每按一次 [1]键，Abs 和%T 交替变换。

② 设定测量波长

按[2]键进入光度测量波长设定界面，系统给出提示信息，提示用户输入样品序号。用数字键(0～9)输入序列号值，[CE]键可清除输入错误，输入完后按[ENTER]键确认退出，不输入数据按[RETURN]键可直接退出。输入值为 6 位数值(必须为整数或保留小数点后一位的小数，包括小数点)，范围为 190～1 100，超出 6 位时，系统将自动清除已输入的数据，重新开始输入。

也可以直接在光度测量主界面，按[GOTO WL]键设定光度测量的工作波长。在界面的底部提示信息处输入波长值，用数字键(0～9)和小数点(.)输入波长值，按[CE]键可清除输入错误，输入完后按[ENTER]键确认退出，不输入数据按[RETURN]键可直接退出。

③ 输入 K 系数值

按[3]键进入光度测量 K 系数值输入界面，系统给出提示信息，提示用户输入 K 系数。

在界面的底部提示信息处输入 K 系数，用数字键(0～9)、小数点(.)和负号(—)输入 K 系数，按[CE]键清除输入错误，输入完后按[ENTER]键确认退出，不输入数据按[RETURN]键可直接退出。输入值最多为 7 位数值(包括小数点和负号)，范围为 0～±999，超出 7 位时，系统将自动清除已输入的数据，重新开始输入。

④ 暗电流校正

按[4]键即可进行暗电流校正，可以消除仪器部分的噪声，对环境的变化作出调整，保证样品的测量结果更为准确。

⑤ 退出参数设置

按[RETURN]键退出参数设置，返回到光度测量主界面。

(3) 试样池设置

在光度测量主界面下，按[F3]键进入试样控制界面。在试样控制界面，可以选择样品池架类型(固定池架、五联池架和八联池架)。

(4) 自动校零(校 100%T)

在光度测量主界面下，按[AUTOZERO]键可对当前工作波长进行吸光度零校正。在校正前，应先放入空白样品，然后进行校正操作。

(5) 测量

在光度测量主界面下，按[START/STOP]键进行测量。其中，NO 为用户设定的样品序号，它随测量次数的增加顺序累加，Abs 为测光值，K · Abs 为 K 系数与测光值进行乘运算的结果。在当前界面，按[START/STOP]键测量，按[F2]键清除所有测量数据，按[F4]键打印所有测量数据。所有操作完成后，按[RETURN]键返回到上一界面。

(四) 使用分光光度计的注意事项

1. 分光光度计必须放置在固定仪器台上，不能随意搬动，严防振动、潮湿和强光直射。

2. 比色杯盛液量以达到杯容积 2/3 左右为宜。若不慎将溶液流到比色杯的外表面，则必须先用滤纸吸干，再用擦镜纸或绸布擦净，然后才能将比色杯放入比色杯架内。移动比色杯架要轻，以防溶液溅出，腐蚀机件。

3. 不可用手拿比色杯的透光面，禁止用毛刷等物摩擦比色杯的透光面。

4. 用完比色杯后应立即用自来水冲洗，再用蒸馏水洗净。若用上法洗不净时，可用5%的中性皂溶液或洗衣粉稀溶液浸泡。洗涤后应将比色杯倒置晾干或用滤纸条将水吸去，再用擦镜纸轻轻揩干。

5. 一般应把溶液浓度尽量控制在吸光度的值在 0.1～0.7 的范围内进行测定，这样所测得的读数误差较小。如吸光度的值不在此范围内，可调节溶液浓度，适当稀释或加浓，使其在仪器准确度较高的范围内进行测定。

6. 仪器连续使用时间不应超过 2 h，每次使用后需间歇半小时以上才能再用。

7. 每套分光光度计配置的比色杯及比色杯架不得随意更换。

8. 分光光度计内放有硅胶干燥袋，需定期更换。

第二节 层析技术

层析技术又称为色谱法。它是利用混合物中各组分的物理性质(分子的大小和形状、分子极性、吸附力、亲和力、分配系数等)的差别,使各组分在人为地提供的两相(固定相和流动相)中的分布比例不一样,移动速度不一致,从而得以分离纯化的技术。它是近代生物化学最常用的分析技术之一,运用这种技术可以分离化学性质极为相似,而难以用一定化学方法分离的各种化合物,如各种氨基酸、蛋白质等。

常见的层析方法有分配层析、吸附层析、凝胶层析、离子交换层析、薄层层析等(如表2-1所示)。

表 2-1 常见层析法分类

名称	操作方式	分离依据
分配层析	柱型	利用各组分在两相中的分配系数不同而使各组分分离
吸附层析	柱型 薄层	利用吸附剂对不同物质的吸附力不同而使各组分分离
凝胶层析	柱型	以各种多孔凝胶为固定相,利用流动相中各组分的相对分子质量不同而使各组分分离
离子交换层析	柱型	利用离子交换柱上的可解离基团(活性基团)对各种离子的亲和力不同而达到分离的目的
薄层层析	薄层	根据所用支持物的性质不同,相应分别与分配层析、吸附层析、凝胶层析、离子交换层析的分离依据相同

一、基本原理

(一) 分配层析

分配层析是利用欲分离的各组分在两相中的分配系数不同而使各组分分离的方法。

分配系数是指一种溶质在两种互不相溶的溶剂中溶解达到平衡时,该溶质在两种溶剂中的浓度的比值。在一定的层析条件下,层析系数是一常数,以 α 表示。

分配层析法实际上是一种连续抽提法。在分配层析中,固定相通常是被结合在固定的多孔性固体惰性支持物(如滤纸、硅藻土、纤维素等)上的水,流动相由流动的有机溶剂构成,它流过固定相。当某溶质在流动相的带动下流经固定相时,该溶质在两相之间就进行连续的动态分配。其分配系数为:

$$\alpha=\frac{\text{固定相中溶质的浓度}}{\text{流动相中溶质的浓度}}$$

分配系数与溶质、固定相、流动相的性质有关,同时受温度、压力等条件的影响。如果某一混合物的各组分在这两相中的分配系数有明显的差异,它们就可以被分离。

(二) 吸附层析

吸附层析是1906年由俄国植物学家 Tswett 建立起来用于分离色素的,其原理是利用吸附剂对不同物质的吸附不同而使混合物中各组分分离的方法。

任何两个相之间可以形成一个界面,其中一个相中的物质在两相界面上的密集现象

称为吸附。

凡是能够将其他物质吸附到自己表面上的物质称为吸附剂。在吸附层析中一般用固体吸附剂。由于固体表面的分子(原子或离子)与固体内部的分子所受到的作用力不相同，所以当气体或者溶液中的溶质分子在运动过程中碰到固体表面时，就会被吸引而停留在固体表面上。

能被吸附到固体表面的物质称为被吸附物，吸附剂和被吸附物之间的相互作用主要是范德华力。它是可逆的，即在一定条件下，被吸附物被吸附到吸附剂的表面上；而在其他的某种条件下被吸附物可以离开吸附剂表面，称为解吸作用。

吸附层析的操作方式有柱型和薄层两种，现以柱型吸附层析为例说明。

层析时，将欲分离的混合溶液自柱顶加进吸附层析柱，各组分全被吸附在柱的上层，这时加入洗脱剂解吸，层析柱内不断发生解吸、吸附，再解吸、吸附的过程。即被吸附在吸附剂上的各组分在洗脱剂的作用下解吸而随溶液向下流动，当遇到新的吸附剂颗粒时，又从溶液中被吸附出来，其后流下的新洗脱剂再次将它解吸而向下移动，然后再被下层的吸附剂吸附。如此反复进行，经过一段时间以后，组分向下移动一段距离。此距离因吸附剂对组分的吸附力以及洗脱剂对组分的解吸力不同而异，吸附力弱而解吸力强的组分，其移动距离就较大；相反，吸附力强而解吸力弱的组分，其移动距离较小。经过适当的时间，不同的组分在吸附柱内形成各自的区带。如果被分离的组分有颜色，就可以在层析柱内看到清晰的色带。如果被吸附的组分没有颜色，可以采用适当的显色剂或者紫外线进行观察定位。也可以将被吸附组分分别洗脱收集后进行定性、定量检测。若以洗脱液体积对被洗脱组分浓度作图，就可以得到洗脱曲线。

(三) 凝胶层析

凝胶层析又称为凝胶过滤、分子排阻层析、分子筛层析等，是 20 世纪 60 年代发展起来的一种简便有效的生物化学分离分析方法。它是使存在于流动相中的各种不同相对分子质量的组分流过具分子筛性质的多孔凝胶形成的固定相，从而分离组分的一种层析技术。

凝胶层析的基本原理为：多孔凝胶装在层析柱中，当含有各种组分的混合溶液流经凝胶层析柱时，各组分在层析柱内同时进行两种不同的运动。一种是随着溶液流动而进行的垂直向下的移动，另一种是无定向的分子扩散运动(布朗运动)。相对分子质量大的组分，由于分子直径大，被排阻在交联网状物之外——凝胶颗粒的间隙中，其流程短，移动速度快，先流出层析柱。相对分子质量小的组分可以透入凝胶颗粒，不断地进出于一个个颗粒的微孔内外，这就使小分子组分流程长，向下移动的速度比大分子慢，比相对分子质量大的物质后流出层析柱，从而使混合溶液中各组分按照相对分子质量由大到小的顺序先后流出层析柱，而达到分离的目的(如图 2-4 所示)。

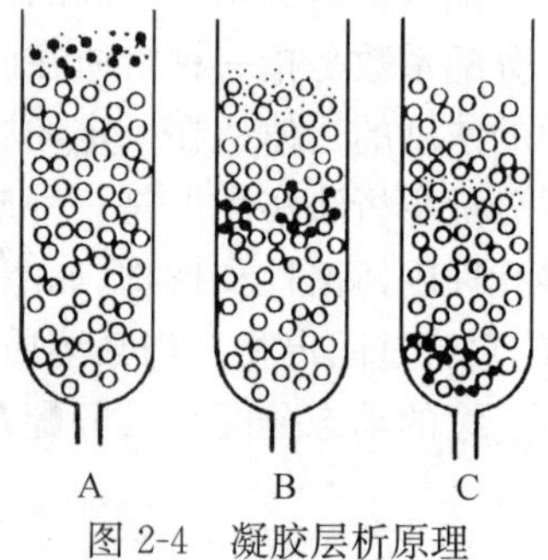

图 2-4　凝胶层析原理

○凝胶颗粒　•大分子　·小分子

通常用分配系数 K_a 来定量地衡量混合液中各组分的流出顺序：

$$K_a=\frac{V_e-V_o}{V_i}$$

式中：V_e 为洗脱体积，表示某一组分从加进层析柱到最高峰流出时所需的洗脱液体积；V_o 为外体积，即为层析柱内凝胶颗粒空隙之间的体积；V_i 为内体积，即为层析柱内凝胶颗粒内部微孔的体积。

洗脱时各组分按照 K_a 值由大到小的顺序先后流出。

对于同一类型的化合物，凝胶层析的洗脱特性与组分的相对分子质量成函数关系，洗脱时组分按相对分子质量由大到小的顺序先后流出。组分的洗脱体积 V_e 与相对分子质量(M_r)的关系可以用下式表示：

$$V_e=K_1-K_2\lg M_r$$

式中：K_1,K_2 为常数。

以组分的洗脱体积(V_e)对组分的相对分子质量的对数($\lg M_r$)作出曲线，可以通过测定某一组分的洗脱体积，从曲线中查出该组分的相对分子质量。

溶质的洗脱特性的有关参数例如 V_e/V_o 也与溶质相对分子质量(M_r)的对数呈线性关系，先洗脱几个已知相对分子质量(M_r)球蛋白，用 V_e/V_o 对 $\lg M_r$ 作图，从而进一步算出样品相对分子质量(M_r)（如图2-5所示）。

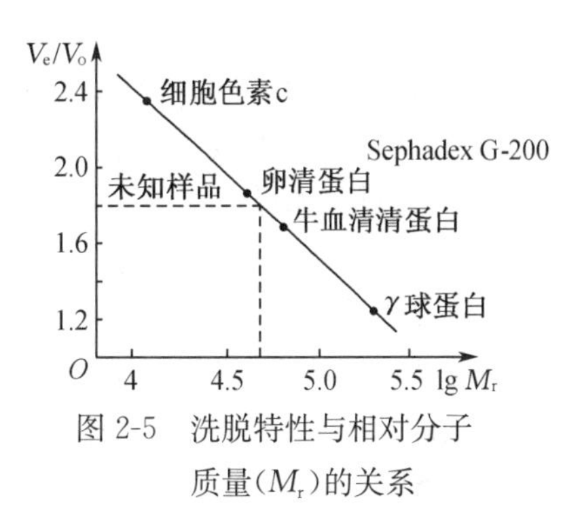

图 2-5　洗脱特性与相对分子质量(M_r)的关系

(四) 离子交换层析

离子交换层析是利用含有能与周围介质进行离子交换的不稳定离子的不溶性基质（离子交换剂）来分离组分的层析方法。

离子交换层析柱中装有离子交换剂，当含有各种组分的混合溶液流经层析柱时，各种组分不同程度地被吸附。在一定条件下某种组分离子在离子交换剂上的浓度与在溶液中的浓度达到平衡时，两者浓度的比值 K 称为平衡常数（也叫分配系数）。即：

$$K=\frac{\text{各组分离子在离子交换剂上的浓度}/(\mathrm{mol\cdot g^{-1}})}{\text{各组分在溶液中的浓度}/(\mathrm{mol\cdot mL^{-1}})}$$

平衡常数 K 是离子交换剂上的活性基团与组分离子之间亲和力大小的指标。K 值越大，离子交换剂上的活性基团对某组分离子的亲和力就越大，该组分离子就越容易被离子交换剂交换吸附。如果欲分离的溶液中各种组分离子的 K 值有较大的差别，通过离子交换层析就可以使这些组分离子得以分离。

(五) 薄层层析

薄层层析法是将作为固定相的支持物均匀地铺在支持板（一般用玻璃板）上形成薄层，把待分离的混合物加到薄层上，然后选择合适的溶剂进行展开，以达到分离鉴定的目的。薄层层析兼有柱层析和纸层析的优点。

薄层层析法分离物质的原理根据所用不同支持物的性质，可以与分配层析、吸附层析、凝胶层析或是离子交换层析相同。

二、操作方法

(一) 分配层析

以纸层析为例。

1. 滤纸的选择

一般分析工作可采用新华 1 号(或 Whatman 1 号)滤纸或新华 3 号(或 Whatman 3 号)滤纸,前者适用于样品较少时,分辨力较好,后者适用于样品较多时,分辨力较差。

必要时,使用前可将滤纸用缓冲液浸泡或经乙酰化作用进行化学修饰。

2. 样品的制备和点样

层析前将生物材料样品脱盐(用离子交换或电渗析法),用超滤或葡聚糖除掉蛋白质。然后用微量点样管将样品溶液(2 μL～20 μL)点于纸上,点的直径不超过 0.3 cm～0.5 cm,如样品太稀则需重复点样几次,每次点之前均应吹干,点间距离为 2 cm～3 cm。

3. 溶剂的选择

根据经验和所要分析的物质进行选择。

4. 展层

在密闭的恒温、恒压的容器内进行。将点好样品的滤纸固定,使其一边与溶剂槽接触,让溶剂扩展。展层方式有上行、下行和环行等。

5. 显色

用特殊的显色剂使分离的无色组分显色,可用喷雾器喷雾显色剂或迅速将纸在显色剂中浸渍。如果被分离组分本身具有紫外吸收性质或在紫外线下可发出特殊的荧光,则可根据组分的紫外线吸收或荧光来定位;若有放射性组分时,也可用扫描来定位鉴定。

(二) 吸附层析

以柱层析为例。

1. 装柱

将吸附剂装在吸附柱中,装置成吸附层析柱。注意要避免气泡或裂纹存在。

2. 加样

将样品加到吸附柱上。先将样品溶解在溶剂里或对洗脱液透析。加样时,将样品仔细加到层析床的表面,保持一定高度的液面。

3. 洗脱

用适当的溶剂或者溶液将被吸附组分从层析柱中洗脱出来。其方法主要有 3 种,分别为溶剂洗脱法、置换洗脱法和前缘洗脱法。

(1) 溶剂洗脱法:采用单一或者混合的溶剂进行洗脱的方法,是目前应用最广泛的方法之一。

加样后,连续不断地加入溶剂进行洗脱,则混合溶液中的各组分按照吸附力由弱到强的顺序先后被洗出。对各组分分别进行收集就可达到分离的目的。用洗脱液体积对各组分浓度作图可以得到洗脱曲线。

也可以采用梯度洗脱法,即采用按一定规律变化的 pH 梯度洗脱液或浓度梯度洗脱液进行洗脱。

(2) 置换洗脱法(置换法或取代法):所用的洗脱剂为置换洗脱液。置换洗脱液中含有置换剂，它的吸附力比被吸附组分更强。当用置换洗脱液冲洗层析柱时，置换剂取代了原来被吸附组分的位置，使被吸附组分解吸而不断向下移动。经过一定时间之后，样品中的各组分按照吸附力从弱到强的顺序先后流出。分别收集各组分就可达到分离的目的。以洗脱液体积对组分浓度作图，可以得到阶梯式的洗脱曲线。

(3) 前缘洗脱法(前缘分析法)：所用的洗脱液为含有各组分的混合溶液本身。连续向吸附层析柱内加入欲分离的混合溶液至一定体积后，层析柱内的吸附剂已经达到饱和状态，吸附力最弱的组分开始流出，随后混合液中的各组分按照吸附力由弱到强的顺序，先后以两组分、三组分……多组分的混合液流出。此法可以将走在最前缘的组分即吸附力最弱的组分与其他组分分离。

(三) 凝胶层析

凝胶层析的操作一般包括装柱、上柱、洗脱等步骤。

1. 装柱

在层析柱的底部放置一层玻璃纤维或者棉花，柱内先充满洗脱剂，然后一边搅拌一边缓慢而连续地加入浓稠的凝胶悬浮液，让其自然沉降，直至达到所需的高度。注意凝胶分布要均匀，不能有气泡或裂纹存在。柱装好以后，让洗脱液浸过凝胶表面，以免混入空气而影响分离效果。

2. 上柱

即将欲分离的混合溶液加入凝胶层析柱的过程。在洗脱液的液面恰好与凝胶床的表面相平时加入混合液，使组分能够均匀地进入凝胶床。上柱的混合液体积通常为凝胶床体积的10%左右。最大不能超过30%。

3. 洗脱

上柱完毕后，加进体积为凝胶床体积120%左右的洗脱液进行洗脱，分部收集洗脱液即可分离各组分。

(四) 离子交换层析

离子交换层析的操作一般包括装柱、上柱、洗脱、收集和交换剂再生等步骤。

1. 装柱

装柱方法有干法装柱和湿法装柱两种。

干法装柱是将干燥的离子交换剂一边振荡一边慢慢倒入层析柱内，使之装填均匀，然后再慢慢加入适当的溶剂或溶液进行溶胀沉降成柱。装柱时，特别要注意避免柱内有气泡或裂纹存在，以免影响分离效果。

湿法装柱是在柱内先装入一定体积的溶剂或溶液，然后将处理好的离子交换剂与溶剂或溶液集中在一起，一边搅拌一边倒入保持垂直的层析柱内，让离子交换剂慢慢自然沉降成均匀、无气泡、无裂缝的离子交换柱。

2. 上柱

离子交换层析柱装置好后，经过转型成为所需要的可交换离子，再用溶剂或者缓冲液进行平衡，然后将欲分离的混合溶液加入离子交换柱中，即所谓的上柱。

上柱时要注意混合溶液的 pH 和温度、离子浓度等条件及流速的控制。

3. 洗脱和收集

上柱完毕后，采用含有与离子交换剂亲和力较大的离子的适当洗脱液，将吸附在离子交换剂上的组分离子按照组分离子与交换剂的亲和力由小到大的顺序逐次交换洗脱下来，分部收集洗脱液即可分离各组分。

对于含有多种组分的某些混合液，为了达到良好的分离效果，可以用梯度洗脱法进行洗脱。

4. 再生

洗脱后，离子交换剂一般需要经过酸、碱处理，再进行转型处理，使离子交换剂恢复原状，以便重复使用。

(五) 薄层层析

薄层层析的操作一般包括薄层的制作、点样、展层、定位等步骤。

1. 薄层的制作

在玻璃板上涂铺一层厚度为 250 μm 的薄层材料(通常为硅胶)。可以用有机玻璃自制一个涂铺器来进行涂铺(如图 2-6 所示)。

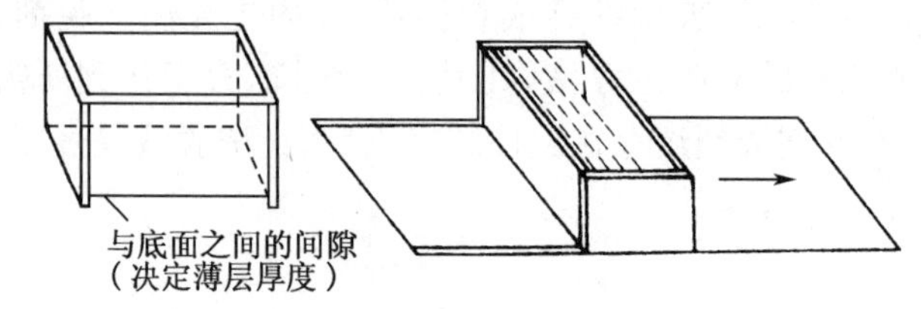

图 2-6　自制涂铺器及其应用

2. 点样

薄层层析的点样与纸层析基本相同。

3. 展层

薄层的展开需在密闭的器皿中进行，溶剂必须达到饱和。薄层层析的展开方式与纸层析一样，可以是上行、下行、单向或双向。

4. 定位

和纸层析一样，可用适当的显色剂喷雾或者根据组分的紫外线吸收或荧光来定位。若有放射性组分时可用扫描来定位。

第三节 电泳技术

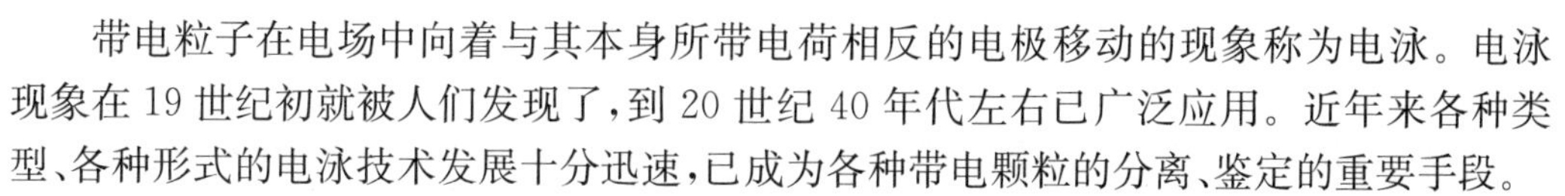

带电粒子在电场中向着与其本身所带电荷相反的电极移动的现象称为电泳。电泳现象在19世纪初就被人们发现了，到20世纪40年代左右已广泛应用。近年来各种类型、各种形式的电泳技术发展十分迅速，已成为各种带电颗粒的分离、鉴定的重要手段。

电泳技术常以有无支持物来分类(如表2-2所示)。不用支持物在溶液中进行的电泳称为自由电泳；反之，有支持物的电泳称为区带电泳。根据区带电泳所用支持物不同又将其分为纸电泳、醋酸纤维薄膜电泳、琼脂凝胶电泳、聚丙烯酰胺凝胶电泳等。另外的分类方法还有——以所用电压分为低电压电泳、高电压电泳；以支持物形状分为薄层电泳、平板电泳(水平平板电泳、垂直平板电泳)、柱电泳、圆盘柱状电泳；以用途分为分析电泳、制备电泳、定量免疫电泳；以区带形式分为盘状电泳、火箭电泳，等等。

表2-2 电泳技术种类

类别	名称
不用支持物的电泳	1. TiseLius或微量电泳 2. 显微电泳 3. 等电聚焦电泳 4. 等速电泳 5. 密度梯度电泳
用支持物的电泳	1. 纸电泳 2. 醋酸纤维薄膜电泳 3. 薄层电泳 4. 非凝胶性支持物区带电泳(支持物有淀粉、纤维素粉、硅胶等) 5. 凝胶支持物区带电泳 (1)琼脂糖凝胶电泳 (2)聚丙烯酰胺凝胶电泳

概括起来，各种电泳技术具有以下特点：① 凡是带电物质均可应用某一电泳技术进行分离，并可进行定性或定量分析；② 样品用量极少；③ 设备简单；④ 可在常温下进行；⑤ 操作简便省时；⑥ 分辨率高。目前电泳技术已经广泛应用于基础理论研究、临床诊断及工业制造等方面。例如，用醋酸纤维薄膜电泳分析血清蛋白，用琼脂对流免疫电泳分析病人血清，用高压电泳研究蛋白质核酸的一级结构，用具有高分辨率的凝胶电泳分离酶、蛋白质、核酸等大分子的研究工作。

一、基本原理

任何一种物质的质点，由于其本身在溶液中的解离或由于其表面上吸附了其他带电质点，因此会在电场中向一定的电极移动。例如，蛋白质、核酸等物质都具有许多可解离的碱性和酸性基团，它们在溶液中会解离而带电。带电的性质和多少决定于它们的性质及溶液的pH和离子强度。一般来说，当溶液pH大于等电点pI时，分子带负电荷，在电场中向正极移动；当溶液pH小于等电点pI时，分子带正电荷，在电场中向负极移动。移

动的速度取决于带电的多少和分子的大小。

不同的质点在同一电场中泳动速度不同，常用迁移率（或泳动度）来表示。泳动度的定义是带电质点在单位电场强度下的泳动速度。即：

$$u=\frac{v}{E}=\frac{d/t}{V/l}=\frac{dl}{Vt}$$

式中：u 为迁移率，$cm^2 \cdot V^{-1} \cdot s^{-1}$ 或 $cm^2 \cdot V^{-1} \cdot min^{-1}$；$v$ 为质点的泳动速度，$cm \cdot s^{-1}$ 或 $cm \cdot min^{-1}$；E 为电场强度，$V \cdot cm^{-1}$；d 为质点的泳动距离，cm；l 为支持物的有效长度，cm；V 为加在支持物两端的电压，V；t 为通电时间，s 或 min。

通过测量 d,l,V,t 便可计算出质点的迁移率。

迁移率首先取决于带电质点的性质，即质点所带净电荷的量、质点的大小和质点的形状。一般来说，质点所带净电荷越多，质点直径越小，越接近于球形，则在电场中的泳动速度越快；反之，则越慢。迁移率除受质点本身性质的影响外，还受其他外界因素的影响，如溶液的黏度等。影响迁移率的外界因素主要有下列几种：

（一）电场强度（电位梯度）

电场强度是指每厘米的电压降，也常称为电位梯度（电势梯度），它对泳动速度起着十分重要的作用。电场强度越高，则带电颗粒泳动越快。

根据电场强度的大小，可将电泳分为常压（100 V～500 V）电泳和高压（500 V～10 000 V）电泳。常压电泳的电场强度一般为 $2\ V \cdot cm^{-1}$～$10\ V \cdot cm^{-1}$，电泳分离时间较长，需要数小时至数天，多用于带电荷的大分子物质的分离；高压电泳的电场强度为 $20\ V \cdot cm^{-1}$～$200\ V \cdot cm^{-1}$，电泳分离时间较短，有时仅需几分钟，多用于带电荷的小分子物质的分离。

（二）溶液 pH

溶液 pH 决定带电质点解离的程度，也决定质点所带净电荷的多少。对于两性电解质而言，pH 距等电点越远，质点所带净电荷越多，泳动速度也越快；反之，则越慢。因此，当分离混合物的各组分时，应选择一个合适 pH，并须采用缓冲溶液使 pH 维持恒定，使各种组分所带净电荷的量差异较大而得以分离。

（三）溶液的离子强度

离子强度影响质点的电动势，它代表所有类型的离子所产生的静电力，也就是全部的离子效应。溶液的离子强度越高，带电质点的泳动速度越慢；离子强度越低，带电质点的泳动速度越快。一般最适合的离子强度在 0.02～0.2。

在稀溶液中，离子强度可用以下公式计算：

$$I=\frac{1}{2}\sum_{i=1}^{n}c_iZ_i^2$$

式中：I 为溶液的离子强度；c_i 为第 i 种离子的物质的量浓度，$mol \cdot L^{-1}$；Z_i 为第 i 种离子的价数。

例如，求 $0.015\ mol \cdot L^{-1}$ 氯化钠溶液的离子强度，用公式计算为：

$$I=\frac{1}{2}\times(0.015\times1^2+0.015\times1^2)=0.015$$

（四）电渗现象

在电场中，液体对于一个固体支持物的相对移动，称为电渗现象（如图 2-7 所示）。

例如，在纸电泳时，由于纸上吸附OH^-带负电荷，而与纸接触的水溶液因为静电感应带有正电荷。在电场的作用下，溶液便向负极移动并带动着质点向负极移动。所以，质点移动的表面速度是质点移动速度和由于溶液移动而产生的电渗速度的和。若质点原来向负极移动，则其表面速度比电泳速度快；若质点原来向正极移动，则其表面速度比电泳速度慢。因此，在电泳时应避免使用具有电渗作用的支持物。也可用中性物质如糊精、蔗糖或葡聚糖等与样品平行作纸电泳，然后将其移动距离从实验结果中除去，来校正电渗所造成的误差。

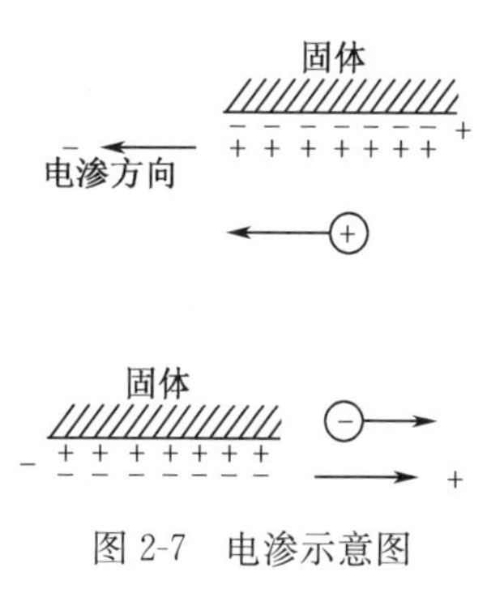

图 2-7　电渗示意图

二、几种常见的电泳方法

(一) 醋酸纤维薄膜电泳

采用醋酸纤维薄膜作为支持物的电泳称为醋酸纤维薄膜电泳。醋酸纤维素是纤维素的羟基乙酰化所形成的纤维素醋酸酯。将它溶于有机溶剂(如丙酮、氯仿、氯乙烯、乙酸乙酯等)后，涂抹成均匀的薄膜，干燥后就成为醋酸纤维薄膜。该膜具有均一的泡沫状结构，有很强的渗透性，对分子移动阻力很小。其厚度约为 120 μm。

醋酸纤维薄膜电泳是近年来推广的一种新技术，现已广泛用于科学实验、生物化学产品分析和临床化验。它趋向于代替纸电泳。

醋酸纤维薄膜在用于电泳前要经过一定的处理：切成适当的尺寸，用镊子夹住慢慢放进电泳缓冲液中浸泡 30 min 左右，充分浸透至薄膜条上无白点为止；取出后用滤纸吸去多余的缓冲液；然后将薄膜的两端置于电泳槽的支架上。薄膜的两端可以直接伸进缓冲液中，也可以通过滤纸条与缓冲液相连。

用毛细管或者微量注射器将一定量的样品点在薄膜中央，然后接通电源进行电泳。电泳 0.5 h～2 h 后取出薄膜，在染色液(氨基黑 10B 或偶氮胭脂红 B 染色液等)中染色 5 min～10 min，再用漂洗液(含 10%醋酸的甲醇溶液)漂洗几次，直至区带清晰为止。

(二) 琼脂糖凝胶电泳

以琼脂糖凝胶作为支持物的电泳称为琼脂糖凝胶电泳。

琼脂糖凝胶电泳有平板型和垂直板型两种，一般采用平板型。其实验步骤如下：

1. 配制缓冲溶液

琼脂糖凝胶电泳常用缓冲溶液 pH 多在 6～9，离子强度为 0.02～0.05。常用的缓冲溶液有硼酸盐缓冲液和巴比妥缓冲液。

2. 制板

制板常用的琼脂糖浓度为 0.7%～1.0%。将一定量的琼脂糖水浴加热熔化，冷却至约 60 ℃，立即与等体积预热至 60 ℃的缓冲液混合，使其浓度为0.7%～1.0%，继续加热至表面无气泡，迅速将琼脂糖胶倒在水平玻璃板上，使其厚度约为 3 mm，室温下放置 15 min～20 min 后，凝胶冷却即成琼脂糖板。

3. 点样

加样方法有两种：一是滤纸插入法，即在琼脂糖板上适当的位置用刀片切一裂缝，插

入蘸有样品的宽度与琼脂糖板厚度一致的厚滤纸片。样品浓度一般以4%～5%为宜。另一种是挖槽法，即在琼脂糖板的中央挖一长方形小槽，将水浴熔化后冷至42 ℃～45 ℃的琼脂糖与样品等量混合，倒入小槽中，也可直接将样品倒入小槽中。

4. 电泳

加样完毕后，将琼脂糖板轻轻放在电泳槽上，两端用几层滤纸与电极槽缓冲液连接。接通电源，调节电压，采用6 $V \cdot cm^{-1}$的电场强度进行电泳。

5. 固定和染色

将电泳后的琼脂糖板浸入用70%酒精配制的2%醋酸溶液中15 min～20 min进行固定。固定后的琼脂糖板用自来水漂洗数次，然后放在40 ℃左右的烘箱中烘干，这时琼脂糖板干燥成一薄膜，附于玻璃板上，用适当的显色剂显色即可见清晰的电泳图谱。

（三）聚丙烯酰胺凝胶电泳

聚丙烯酰胺凝胶电泳是以聚丙烯酰胺凝胶作为支持物的电泳。其原理是：被分离物质所带的电荷的多少及分子的大小、形状等不同，在电场的作用下，它们产生不同的移动速度从而彼此分离。它具有电泳和分子筛的双重作用，具有很高的分辨力。

1. 聚丙烯酰胺的聚合

聚丙烯酰胺凝胶是以丙烯酰胺（$CH_2=CH—CONH_2$，简称为Acr）为单体，以N，N-甲叉双丙烯酰胺（$CH_2=CH—CONH—CH_2—HNCO—CH=CH_2$，简称为Bis）为交联剂，在催化剂的作用下聚合而成的具有网状结构的多孔凝胶。

常用的催化剂（包括催化剂和加速剂）有以下两种：

（1）过硫酸铵-TEMED（四甲基乙二胺）系统：在TEMED的催化下，过硫酸铵形成氧的自由基，氧的自由基引发单体与交联剂的聚合作用。聚合的初速度和过硫酸铵浓度的平方根成正比。这种催化剂系统需要在碱性条件下进行，温度与聚合的速度成正比，有氧分子或不纯物质存在时都能延缓凝胶的聚合。因此，在聚合前须将溶液分别抽气，然后在室温下混合后再进行聚合。此系统多用于制备小孔凝胶。

（2）核黄素-TEMED系统：这是一个光激发的催化反应。可以用日光、电灯等作为光源。在痕量氧存在的条件下，核黄素经光解作用形成无色基，无色基再氧化生成自由基，从而引发聚合反应。此系统多用于制备大孔凝胶。

单体丙烯酰胺的浓度和交联剂N，N-甲叉双丙烯酰胺的浓度可直接对孔径产生影响。因此可以根据被分离物质的相对分子质量选择适当浓度的单体，而交联剂的浓度一般以占总丙烯酰胺浓度的2%～5%为宜。

凝胶的机械性能、弹性、透明度和黏着度都直接影响分离的效果。而这些因素都取决于凝胶总浓度和单体丙烯酰胺与N，N-甲叉双丙烯酰胺之比。

$$\text{设 } c_T(\text{Acr 和 Bis 的总浓度}) = \frac{m_a + m_b}{V} \times 100\%$$

$$c(\text{交联剂百分比}) = \frac{m_b}{m_a + m_b} \times 100\%$$

式中：m_a为Acr克数，g；m_b为Bis克数，g；V为缓冲溶液体积，mL。

要制备完全透明而又有弹性的凝胶，应控制$m_a + m_b = 30$左右。不同浓度的单体对凝胶性质也有影响，当增加Acr的浓度时要适当降低Bis的浓度。通常c_T为2%～10%

时，$m_a+m_b=40$ 左右；c_T 为 15%～20%时，$m_a+m_b=125\sim200$。

c_T 为 2.4%的大孔径凝胶，最好加入 0.5%琼脂糖使其硬度增加以利于操作。也可在 3%凝胶中加入 20%蔗糖，此可增加其机械强度而不影响其孔径大小。至于黏着度的控制，一般只要容器内壁干净，单体浓度适中即可。

在凝胶制备过程中，首先应将所需的缓冲液、丙烯酰胺、N，N-甲叉双丙烯酰胺、催化剂等配制成浓度较高的贮存液（过硫酸铵例外，需在使用前配制），放在4 ℃冰箱中避光保存，使用时按照所需浓度进行稀释。

制备凝胶所使用的玻璃板或玻璃管均需要洗涤洁净并经过干燥方能使用。

不连续电泳凝胶的制备是先制备分离胶，将各种储存液按照所需的比例混合后，注入玻璃管或玻璃板之间，至指定高度，在胶液表面轻轻加一层蒸馏水，以使聚合后凝胶表面平整，聚合 30 min～60 min。聚合后，吸去水，再注入制备浓缩胶所要求的混合液，表面加一层蒸馏水，聚合一段时间后，吸去水，再制备样品胶。

2. 聚丙烯酰胺凝胶的孔径

聚丙烯酰胺凝胶是三维空间网状结构，它在电泳中不仅有防止对流、减低扩散的能力，而且还具有分子筛的作用。某一个分子通过这种网孔的能力不仅取决于被分离物质分子的大小和形状，也取决于凝胶孔径的大小和形状。因此，当所分离的物质不变时，凝胶越浓，孔径越小，物质所受阻力也就越大。

分离蛋白质的实践证明，凝胶的孔径大约是蛋白质分子平均大小的一半时分离结果较好。因此，在实用中常按样品的相对分子质量（M_r）大小来选择适宜的凝胶孔径（如表 2-3 所示）。

表 2-3　相对分子质量（M_r）范围与所适用凝胶浓度对照表

物 质	相对分子质量（M_r）的范围	适用的凝胶浓度/%
蛋白质	$<10^4$	20～30
	$1\times10^4\sim4\times10^4$	15～20
	$4\times10^4\sim1\times10^5$	10～15
	$1\times10^5\sim5\times10^5$	5～10
	$>5\times10^5$	2～5
核酸（RNA）	$<10^4$	15～20
	$1\times10^4\sim1\times10^5$	5～10
	$1\times10^5\sim2\times10^6$	2～2.6

浓度为 7.5%的凝胶是常用的所谓标准凝胶，大多数蛋白质在此凝胶中电泳都能得到满意的结果。当分析一个未知样品时，常常先用 7.5%的标准凝胶或用 4%～10%的凝胶梯度来试测，然后选出适宜的凝胶浓度。

3. 缓冲系统的选择

在选择缓冲系统时主要从以下两方面来考虑：

（1）pH 范围和离子强度：对分离组分而言，所选择 pH 应能使样品中各组分分子泳动率的差别最大。目前所用的分离胶缓冲系统有高 pH（pH 9 左右）、低 pH（pH 4 左右）和中性三大类。缓冲系统通常选用离子强度较低的缓冲溶液（0.01 mol·L^{-1}～0.1 mol·L^{-1}）。

（2）连续和不连续系统：所谓连续系统是指电泳槽中的缓冲系统和 pH 与凝胶中缓

冲系统的相同，不连续系统是电泳槽中的缓冲系统和 pH 与凝胶中缓冲系统的不同，不连续的分辨率较高。

4. 聚丙烯酰胺凝胶电泳的分类

聚丙烯酰胺凝胶电泳按其凝胶组成系统的不同，可以分为连续凝胶电泳、不连续凝胶电泳、浓度梯度凝胶电泳和 SDS 凝胶电泳 4 种。

（1）连续凝胶电泳：只用一层凝胶，采用相同的 pH 和相同的缓冲液。该法配制凝胶时较为简便，但是分离效果稍差，多用于组分较少的样品的分离。

（2）不连续凝胶电泳：采用 2 层或 3 层性质不同的凝胶（样品胶、浓缩胶和分离胶）重叠起来使用，采用两种不同的 pH 和不同的缓冲液，能使浓度较低的各种组分在电泳过程中浓缩成层，从而提高分辨率，取得较好的分离效果。

不连续凝胶电泳由上而下分为 3 层。

① 样品胶（其中含有样品）：处于凝胶系统最上层的大孔径凝胶。

② 浓缩胶：处于样品胶和分离胶之间，浓缩胶与样品胶的缓冲液、pH 和孔径大小完全一样，只是浓缩胶不含样品。它是 $c_T=3\%$，$c=20\%$ 单体溶液在 pH 为 6.7～6.8 的 Tris-HCl 缓冲液中聚合而成的。有时可以不用样品胶，直接将样品与 10% 的甘油或 5%～20% 的蔗糖混合后，加到浓缩胶的表面。样品中的各组分就在浓缩胶中浓缩，按照迁移率的不同，在浓缩胶和分离胶的界面上压缩成层。

③ 分离胶：是 $c_T=7\%$，$c=2.5\%$ 单体溶液在 pH 为 8.8～8.9 的 Tris-HCl 缓冲液中聚合而成的小孔凝胶，凝胶的孔径根据欲分离组分的大小通过丙烯酰胺的浓度进行调节，样品中各组分在分离胶中进行分离。上述连续凝胶电泳所使用的一层凝胶就是分离胶，其制备方法与此相同。将含有样品胶、浓缩胶和分离胶的玻璃管放在含有 Tris-Gly（pH 8.9）缓冲液的电泳槽内进行电泳，就是不连续的盘状聚丙烯酰胺凝胶电泳，由于它具有浓缩效应、电荷效应、分子筛效应这三种效应，所以具有很高的分辨率。

在欲分离组分进行不连续凝胶电泳时，采用阴离子电泳系统（pH 8～9 的电极缓冲液，组分带负电荷）。将制备好的多层凝胶置于电泳系统中，用 pH 8.3 的 Tris-Gly 缓冲液作为电极缓冲液进行电泳，样品中各组分在浓缩胶中浓缩成狭窄的高浓度样品层。这是由于各层凝胶中都含有 HCl，HCl 的离解度大，几乎释放出全部的 Cl^-，Cl^- 在电场中移动速度最快，称为快离子；在电泳槽中含有甘氨酸，在样品胶和浓缩胶中 pH 为 6.7～6.8，甘氨酸只有 0.1%～1.0% 离解为负离子，在电场中移动速度最慢，称为慢离子；而欲分离组分的移动速度介于快离子和慢离子之间。接通电源，电泳开始后，Cl^- 快速移动，走在最前面，在其后面形成一个离子浓度较低的低电导区，低电导产生较高的电位梯度，这种高电位梯度促使欲分离组分在快、慢离子之间浓缩成一狭窄的中间层。

当这一浓缩成层的样品进入分离胶的时候，由于分离胶的 pH 为 9.5，甘氨酸的解离度增加，泳动速度加快，很快超过所有的欲分离组分，高电位梯度消失，使欲分离组分在均一的电位梯度下进行电泳分离。加上分离胶的孔径较小，各组分因分子大小和形状不同受到分子筛效应，使某些静电荷相同的组分也可以得到分离。

（3）梯度凝胶电泳：采用由上而下浓度逐渐升高、孔径逐渐减小的梯度凝胶进行电泳。梯度凝胶用梯度混合装置制成，主要用于测定球蛋白类组分的相对分子质量。

（4）SDS 凝胶电泳：采用 SDS 凝胶进行电泳，即在聚丙烯酰胺凝胶中加入一定量的十二烷基磺酸钠(sodium dodecyl sulfate, SDS)制成SDS凝胶进行电泳。电泳时蛋白质组分的电泳迁移率主要取决于分子的相对分子质量,而与其形状及所带电荷无关。该法主要用于蛋白质相对分子质量的测定。

电泳结束后,将凝胶从玻璃板或玻璃管中取出,进行染色、脱色处理或进行分离检测。

(四) 等电聚焦电泳

等电聚焦电泳目前已广泛用于蛋白质分析和制备中,是20世纪60年代后才迅速发展起来的重要技术。等电聚焦电泳技术的基本原理是:在电泳槽中放入两性电解质,如脂肪族多氨基多羧酸(或磺酸型、羧酸磺酸混合型),pH范围有3～10、4～6、5～7、6～8、7～9和8～10等。电泳时,两性电解质形成一个由阳极到阴极逐步增加的pH梯度,正极为酸性,负极为碱性。蛋白质分子是在含有载体两性电解质形成的一个连续而稳定的线性pH梯度中进行电泳。样品可置于正极或负极任何一端。当置于负极端时,因pH>pI,蛋白质带负电向正极移动。随着pH的下降,蛋白质带负电荷量渐少,移动速度变慢。当蛋白质移动到与其等电点相应pH位置上时即停止,并聚集形成狭窄区带。可见,等电聚焦中蛋白质的分离取决于电泳pH梯度的分布和蛋白质的pI,而与蛋白质分子大小和形状无关。

等电聚焦电泳的优点有:① 分辨率很高,可把pI相差0.01的蛋白质分开;② 样品可混入胶中或加在任何位置,在电场中随着电泳的进行区带越来越窄,克服了一般电泳的扩散作用;③ 电泳结束后,可直接测定蛋白质pI;④ 分离速度快,蛋白质可保持原有生物活性。其缺点有:① 电泳中应使用无盐样品溶液,否则在高压中会因通过的电流太大而发热;但在无盐时有些蛋白质溶解性能差,易发生沉淀,此时可在样品中多加些两性电解质;② 许多蛋白质因在pI附近易沉淀而影响分离效果,这种情况下可加些脲或非离子去垢剂解决问题。

第四节 离心技术

离心是利用旋转运动的离心力以及物质的沉降系数或浮力密度的差异对其进行分离、浓缩和提纯的一种方法。这项技术应用很广，诸如分离出化学反应后的沉淀物，在生物化学以及其他生物学领域常用来收集细胞、细胞器及生物大分子物质。

一般在实验过程中，可用过滤和离心两种方法使沉淀和母液分开，在下列情况下，使用离心方法较为合适：① 沉淀有黏性；② 沉淀颗粒较小，容易透过滤纸；③ 沉淀量多而疏松；④ 沉淀量少，需要定量测定；⑤ 母液黏稠；⑥ 母液量很少，分离时应尽量减少损失；⑦ 沉淀和母液必须迅速分离开；⑧ 一般胶体溶液。

一、基本原理

液体中的颗粒在离心时的运动速度取决于颗粒受到的离心力和浮力、颗粒的大小与形状、沉降介质的黏滞力等因素。不同的颗粒以不同的速度移动。

（一）离心力

物体在做圆周运动时，离心力（F）的大小等于离心加速度 $\omega^2 r$ 与颗粒质量 m 的乘积，即：

$$F=m\omega^2 r$$

式中：ω 是旋转角速度，$rad \cdot s^{-1}$；r 是颗粒离开旋转中心的距离，cm；m 是质量，g。

在离心技术中，离心力的大小常用重力加速度（g，$m \cdot s^{-2}$）来衡量，这时称为相对加速度（RCF）。

$$\mathrm{RCF}=\frac{F}{mg}=\frac{m\omega^2 r}{mg}=\frac{\omega^2 r}{g}$$

为了使用方便，常采用离心机的转速（n，$r \cdot min^{-1}$，即转/分钟，习惯用 rpm 表示）来表示角速度，即：

$$\omega=\frac{2\pi n}{60}=\frac{\pi n}{30}$$

因此：

$$\mathrm{RCF}=\frac{\omega^2 r}{g}=\frac{\left(\frac{\pi n}{30}\right)^2 r}{g}\approx 1.119\times 10^{-3} n^2 r$$

由此可知，计算离心场中某个颗粒所受到的离心力，只要知道离心机的转速 n 和该颗粒到转轴中心的距离 r 即可。通常情况下，低速离心常用转速表示，超速离心时用相对离心力（g 的倍数）表示。

由上式可见，只要给出旋转半径 r，则 RCF 和转速之间可以相互换算。在上式的基础上，Dole 和 Cotzias 制作了与转子速度和半径相对应的离心力的转换列线图（如图 2-8 所示），在用图 2-8 将离心机转速换成相对离心力时，先在离心机半径标尺上取已知的离心机半径和在转速标尺上取已知的离心机转速，然后将这两点连成一条直线，在图中间 RCF 标尺上的交叉点，即为相应的离心力数值。例如已知离心机转速为 2 500 $r \cdot min^{-1}$，离心半径为 7.7 cm，将两点连接起来交于 RCF 标尺，此交点 $500\times g$ 即为 RCF 值。注意：若已知

转速值位于转速标尺的右边则应读取 RCF 标尺的右边读数，同样若转速值位于转速标尺的左边则应读取 RCF 标尺的左边读数。

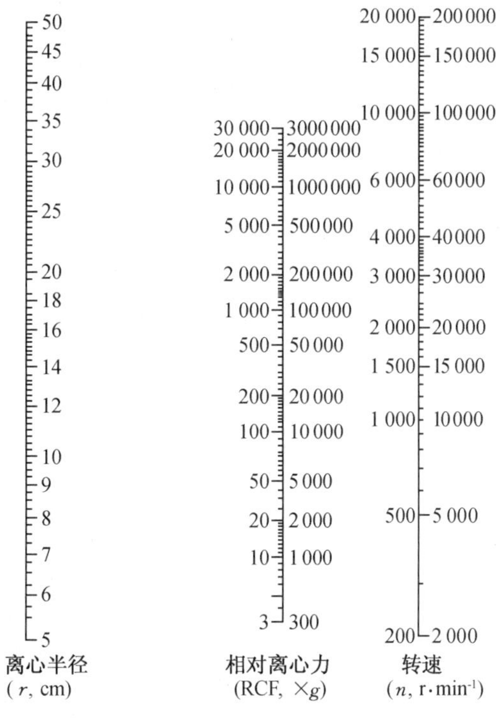

图 2-8　离心机转速与离心力列线图

（二）沉降系数

1924 年瑞典物理学家 Svedberg 发明超速离心机，并对沉降系数下的定义为：沉降系数是颗粒在单位离心力场中粒子移动的速度，即沉降速度和离心力场的比值，用 S 表示。

$$S=\frac{\text{沉降速度}}{\text{单位离心力场}}=\frac{\frac{\mathrm{d}r}{\mathrm{d}t}}{\omega^2 r}$$

求积分可得：

$$S=2.303\cdot\frac{\lg r_2-\lg r_1}{\omega^2(t_2-t_1)}$$

若 ω 用 $2\pi n/60$ 表示，则：

$$S=\frac{2.1\times10^2\lg\frac{r_2}{r_1}}{n^2(t_2-t_1)}$$

式中：r_1 为离心前粒子离旋转轴的距离，cm；r_2 为离心后粒子离旋转轴的距离，cm；t_1 为离心起始时间，min；t_2 为离心结束时间，min；n 为转速，$\mathrm{r\cdot min^{-1}}$。

S 实际上时常在 10^{-13} 秒左右，故把沉降系数 10^{-13} 秒称为一个 Svedberg 单位，简写为 S，量纲为秒。

二、离心机的主要构造和类型

离心机可分为工业用离心机和实验用离心机。实验用离心机又分为制备性离心机和分析性离心机，制备性离心机主要用于分离各种生物材料，每次分离的样品容量比较大；分析性离心机一般都带有光学系统，主要用于研究纯的生物大分子和颗粒的理化性质，依据待测物质在离心场中的行为（用离心机中的光学系统连续监测），能推断物质的纯度、形状和相对分子质量等。分析性离心机都是超速离心机。

（一）制备性离心机

制备性离心机可分为三类：

1. 普通离心机

最大转速 8 000 $r \cdot min^{-1}$左右，最大相对离心力近 10 000×g，容量为几十毫升至几升，分离形式是固液沉降分离，转子有角式和外摆式，其转速不能严格控制，通常不带冷冻系统，于室温下操作，用于收集易沉降的大颗粒物质，如红血球、酵母细胞等。

2. 高速冷冻离心机

最大转速为$(1 \sim 2.5) \times 10^4$ $r \cdot min^{-1}$，最大相对离心力为$(10^4 \sim 10^5) \times g$，最大容量可达 3 L，分离形式也是固液沉降分离，转头有角式、荡平式、区带式、垂直式和大容量连续流动式，一般都有制冷系统，以消除高速旋转时转头与空气之间摩擦而产生的热量，离心室的温度可以调节和维持在 0 ℃～40 ℃，转速、温度和时间都可以严格准确地控制，并有指针或数字显示，通常用于微生物菌体、细胞碎片、大细胞器、硫酸铵沉淀和免疫沉淀物等的分离纯化工作，但不能有效地沉降病毒、小细胞器（如核蛋白体）或单个分子。

3. 超速离心机

转速可达$(2.5 \sim 12) \times 10^4$ $r \cdot min^{-1}$，相对离心力最大可达 $10^6 \times g$，最著名的生产厂商有美国的贝克曼公司和日本的日立公司等，离心容量由几十毫升至 2 L，分离的形式是差速沉降分离和密度梯度区带分离，离心管平衡允许的误差要小于 0.1 g。超速离心机的出现，使生物科学的研究领域有了新的扩展，它能使过去仅仅用电子显微镜观察到的亚细胞器得到分级分离，还可以分离病毒、核酸、蛋白质和多糖等。超速离心机主要由驱动和速度控制、温度控制、真空系统和转头四部分组成。

（二）分析性离心机

分析性离心机使用了特殊设计的转头和光学检测系统，以便连续地监测物质在一个离心场中的沉降过程，从而确定其物理性质。

分析性超速离心机的转头是椭圆形的，转头通过一个有柔性的轴连接到一个高速的驱动装置上，转头在一个冷冻的和真空的腔中旋转，转头上有 2～6 个装离心杯的小室，离心杯是扇形石英的，可以上下透光，离心机中装有光学系统，在整个离心期间都能通过紫外吸收或折射率的变化监测离心杯中沉降的物质，在预定的期间可以拍摄沉降物质的照片。分析离心杯中物质沉降情况时，在重颗粒和轻颗粒之间形成的界面就像一个折射的透镜，结果在检测系统的照相底板上产生了一个“峰”，由于沉降不断进行，界面向前推进，因此峰也移动，从峰移动的速度可以计算出样品颗粒的沉降速度。

分析性超速离心机的主要特点就是能在短时间内，用少量样品就可以得到一些重要信息，能够确定生物大分子是否存在及其大致的含量，计算生物大分子的沉降系数，结合界面扩散估计分子的大小，检测分子的不均一性及混合物中各组分的比例，测定生物大分子的相对分子质量，还可以检测生物大分子的构象变化等。

(三) 转子

1. 水平转子

盛样品的离心管放在吊桶内，以转子的加速度运转。水平转子用于低速离心机，其主要缺陷是延长了沉淀的路径。同时，减速过程中产生的对流会引起沉淀物的重新悬浮(如图 2-9a 所示)。

2. 角式转子

在许多高速离心机及微量离心机中安装。由于沉降路径短，沉淀颗粒时角式转子比水平转子的效率更高(如图 2-9b 所示)。

3. 垂直管转子

用于高速及超高速离心机进行等密度梯度离心时。这种转子需要缓慢减速，在沉淀没有形成之前不能用来收集悬浮液中的颗粒(如图 2-9c 所示)。

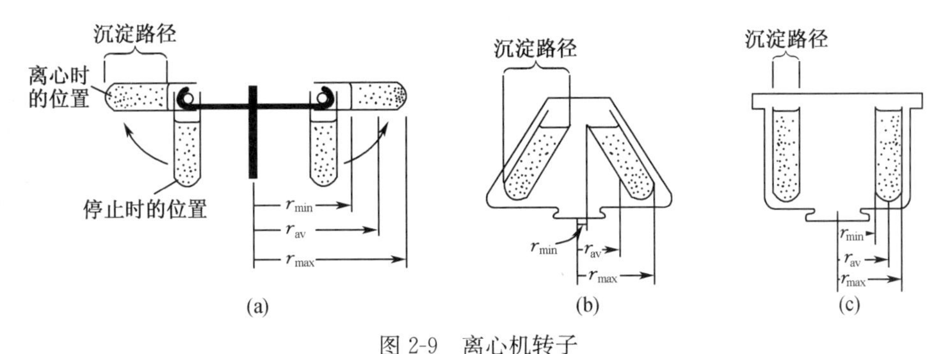

图 2-9　离心机转子

(a)水平转子　(b)固定转角转子　(c)垂直离心管转子

(四) 离心管

离心管主要包括塑料制和不锈钢制两种，塑料制离心管常用材料有聚乙烯(PE)、聚碳酸酯(PC)、聚丙烯(PP)等，其中 PP 管性能较好。塑料离心管的优点是透明(或半透明)，硬度小，可用穿刺法取出梯度；缺点是易变形，抗有机溶剂腐蚀性差，使用寿命短。

不锈钢离心管强度大，不变形，能抗热、抗冻、抗化学腐蚀。但用时也应避免接触具有强腐蚀性的化学药品，如强酸、强碱等。

塑料离心管都有管盖，离心前管盖必须盖严，倒置不漏液。管盖作用有三种：第一，防止样品外泄，用于有放射性或强腐蚀性的样品时，这点尤其重要；第二，防止样品挥发；第三，支持离心管，防止离心管变形。

三、制备性超速离心的分离方法

(一) 差速沉降离心法

这是最普通的离心法，即采用逐渐增加离心速度或低速和高速交替进行离心，使沉降速度不同的颗粒，在不同的离心速度及不同离心时间下分批分离的方法。此法一般用于分离沉降系数相差较大的颗粒。

差速离心首先要选择好颗粒沉降所需的离心力和离心时间。当以一定的离心力在一定的离心时间内进行离心时，在离心管底部就会得到最大和最重颗粒的沉淀，分出的上清液在加大转速下再进行离心，又得到第二部分较大较重颗粒的沉淀及含较小和较轻颗粒的上清液，如此多次离心处理，即能把液体中的不同颗粒较好地分离开。此法所得的沉淀是不均一的，仍杂有其他成分，需经过2～3次的再悬浮和再离心，才能得到较纯的颗粒(如图2-10所示)。

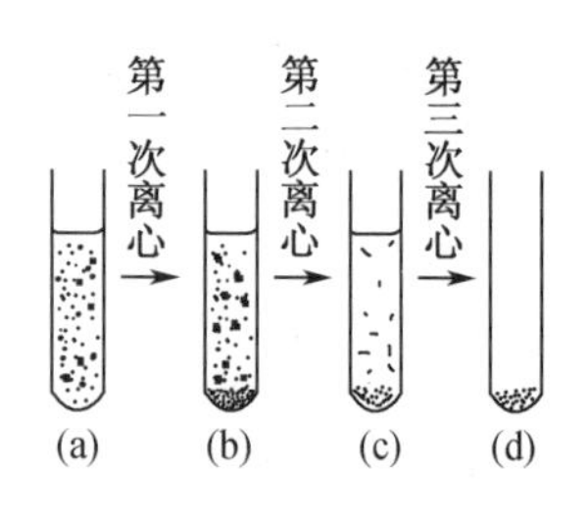

图2-10　差速离心的操作步骤

此法主要用于从组织匀浆液中分离细胞器和病毒，其优点有：操作简易，离心后用倾倒法即可将上清液与沉淀分开，并可使用容量较大的角式转子；缺点包括：需多次离心，沉淀中有夹带，分离效果差，不能一次得到纯颗粒，沉淀于管底的颗粒受挤压后易变性失活。

(二) 密度梯度区带离心法

简称区带离心法，是将样品加在惰性梯度介质中进行离心沉降或沉降平衡，在一定的离心力下把颗粒分配到梯度中某些特定位置上，形成不同区带的分离方法。此法的优点是：① 分离效果好，可一次获得较纯颗粒；② 适应范围广，能像差速离心法一样分离具有沉降系数差的颗粒，又能分离有一定浮力密度差的颗粒；③ 颗粒不会挤压变形，能保持颗粒活性，并防止已形成的区带由于对流而引起混合。此法的缺点是：① 离心时间较长；② 需要制备惰性梯度介质溶液；③ 操作严格，不易掌握。

密度梯度区带离心法又可分为两种：

1. 差速区带离心法

当不同的颗粒间存在沉降速度差时(不需要像差速沉降离心法所要求的那样大的沉降系数差)，在一定的离心力作用下，颗粒各自以一定的速度沉降，在密度梯度介质的不同区域上形成区带的方法称为差速区带离心法。此法仅用于分离有一定沉降系数差的颗粒(20% 的沉降系数差或更少)或相对分子质量相差3倍的蛋白质，与颗粒的密度无关，大小相同但密度不同的颗粒(如线粒体、溶酶体等)不能用此法分离。

在离心管中先装好密度梯度介质溶液，样品液加在梯度介质的液面上，离心时，由于离心力的作用，颗粒离开原样品层，按不同沉降速度向管底沉降，离心一定时间后，沉降的颗粒逐渐分开，最后形成一系列界面清楚的不连续区带(如图2-11所示)，沉降系数越大，往下沉降越快，所呈现的区带也越低，离心必须在沉降最快的大颗粒到达管底前结束，样品颗粒的密度要大于梯度介质的密度。梯度介质通常用蔗糖溶液，其最大密度可达1.28 $g \cdot mL^{-1}$，浓度可达60%。

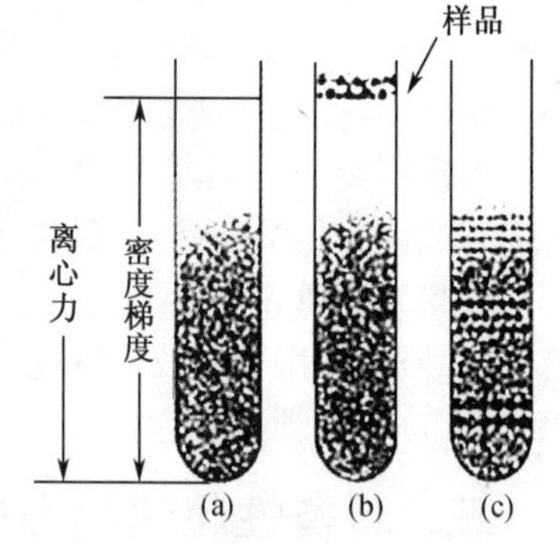

图2-11　差速区带离心示意图

用此法离心的关键是选择合适的离心转速和时间。

2. 等密度区带离心法

离心管中预先放置好梯度介质，样品加在梯度液面上，或样品预先与梯度介质溶液混合后装入离心管，通过离心形成梯度，这就是预形成梯度和离心形成梯度的等密度区带离心产生梯度的两种方式。

离心时，样品的不同颗粒向上浮起，一直移动到与它们的密度相等的等密度点的特定梯度位置上，形成几条不同的区带，这就是等密度离心法（如图 2-12 所示）。体系到达平衡状态后，再延长离心时间和提高转速已无意义，处于等密度点上的样品颗粒的区带形状和位置均不再受离心时间所影响，提高转速可以缩短达到平衡的时间，离心所需时间以最小颗粒到达等密度点（平衡点）的时间为基准，有时长达数日。

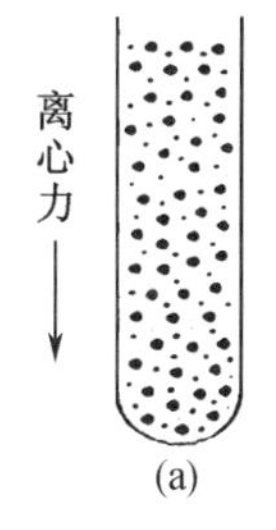

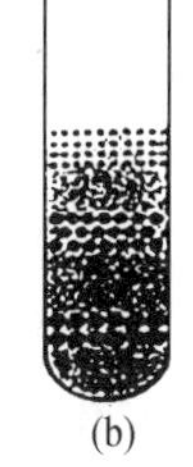

图 2-12　等密度梯度离心示意图

等密度离心法的分离效率取决于样品颗粒的浮力密度差，密度差越大，分离效果越好，与颗粒大小和形状无关，但大小和形状决定着达到平衡的速度、时间和区带宽度。

（三）梯度材料的应用范围

1. 蔗糖

蔗糖水溶性大，性质稳定，渗透压较高，其最大密度可达 1.28 $g \cdot mL^{-1}$，且由于价格低容易制备，是现在实验室里常用于细胞器、病毒、RNA 分离的梯度材料，但由于有较大的渗透压，不宜用于细胞的分离。

2. 聚蔗糖

商品名 Ficoll，常采用 Ficoll-400 也就是相对分子质量为 400 000 的聚蔗糖。Ficoll 渗透压低，但它的黏度却特别高，为此常与泛影葡胺混合使用以降低黏度。主要用于分离各种细胞包括血细胞、成纤维细胞、肿瘤细胞、鼠肝细胞等。

3. 氯化铯

氯化铯是一种离子性介质，水溶性大，最高密度可达 1.91 $g \cdot mL^{-1}$。由于它是重金属盐类，在离心时形成的梯度有较好的分辨率，被广泛地用于 DNA、质粒、病毒和脂蛋白的分离，但价格较贵。

4. 卤化盐类

KBr 和 NaCl 可用于脂蛋白分离，KI 和 NaI 可用于 RNA 分离，其分辨率高于铯盐。NaCl 梯度也可用于分离脂蛋白，NaI 梯度可分离天然或变性的 DNA。

5. Percoll

商品名，它是在一种 SiO_2 胶体外面包了一层聚乙烯吡咯酮（PVP）的物质。其渗透压低，对生物材料的影响小，而且颗粒稳定，在冷却和冻融情况下也还是稳定的，其黏度高，但在酸性 pH 和高离子强度下不稳定。它可用于细胞、细胞器和病毒的分离。

（四）收集区带的方法

常用方法有 4 种：① 用注射器和滴管由离心管上部吸出；② 用针刺穿离心管底部滴出；③ 用针刺穿离心管区带部分的管壁，把样品区带抽出；④ 用一根细管插入离心管底，泵入超过梯度介质最大密度的取代液，将样品和梯度介质压出，用自动部分收集器收集。

四、离心操作的注意事项

高速与超速离心机是生物化学实验教学和生物化学科研的重要精密设备，因其转速

高，产生的离心力大，若使用不当或缺乏定期的检修和保养，都可能发生严重事故，因此使用离心机时必须严格遵守操作规程。

1. 使用各种离心机时，必须事先在天平上精密地平衡离心管和其内容物，平衡时质量之差不得超过各个离心机说明书上所规定的范围，每个离心机不同的转头有各自的允许差值，转头中绝对不能装载单数的管子，当转头只是部分装载时，管子必须互相对称地放在转头中，以便使负载均匀地分布在转头的周围。

2. 装载溶液时，要根据各种离心机的具体操作说明进行，根据待离心液体的性质及体积选用适合的离心管。有的离心管无盖，液体不得装得过多，以防离心时甩出，造成转头不平衡、生锈或被腐蚀。而制备性超速离心机的离心管则常常要求必须将液体装满，以免离心时塑料离心管的上部凹陷变形。每次使用后，必须仔细检查转头，及时清洗、擦干。转头是离心机中需重点保护的部件，搬动时要小心，不能碰撞，避免造成伤痕，转头长时间不用时，要涂上一层上光蜡保护，严禁使用显著变形、损伤或老化的离心管。

3. 若要在低于室温的温度下离心时，转头在使用前应放置在冰箱或置于离心机的转头室内预冷。

4. 离心过程中操作人员不得随意离开，应随时观察离心机上的仪表是否正常工作，如有异常的声音应立即停机检查，及时排除故障。

5. 每个转头各有其最高允许转速和使用累积限时，使用转头时要查阅说明书，不得过速使用。每一转头都要有一份使用档案，记录累积的使用时间，若超过了该转头的最高使用限时，则须按规定降速使用。

6. 安全措施。由于离心机高速旋转并由此产生极大的力，如使用方法不正确，可能造成极其危险的隐患。为了安全起见，所有离心机内装有一块包围着转子的钢板，以避免转子出故障时会有碎片飞出。离心机通常有一个安全锁，以确保机盖盖上时电机才转动，同时阻止在转子停止运转之前打开机盖。不要使用没有安全锁的老式离心机或安全锁装置坏了的离心机。尤其应注意确保头发及衣服远离旋转部件。

第五节 生物大分子制备技术

生物大分子是指作为生物体内主要活性成分的各种相对分子质量达到上万的有机分子,包括蛋白质、核酸、酶糖类、脂类等与生命基本组成和代谢密切相关的物质。以蛋白质和核酸的结构与功能为基础,从分子水平上认识生命现象,是现代生物学发展的主要方向。因此,对生物大分子结构与功能的研究,具有十分重要的理论和实践意义。制备高纯度的生物大分子,是研究其结构和功能的首要条件。

生物大分子制备的基本原理主要有两个方面:一是利用混合物中几个组分分配率的差别,把它们分配于可用机械方法分离的两个或几个物相中,如盐析、有机溶剂提取、层析和结晶等方法;二是将混合物置于单物相(大多是液相)中,通过物理力场的作用,使各组分分配于不同区域而达到分离的目的,如电泳、离心、超滤等技术。生物大分子所能分配的物相一般限于固相和液相,并在这两相间交替进行分离纯化。

一、生物材料的选择与预处理

动物、植物、微生物及其代谢产物是生物大分子制备的原材料。原材料中所含有的生物大分子含量较低,稳定性也较差,大多数对酸碱、高温、重金属离子和高浓度有机溶剂等较为敏感,易被破坏变性。因此,生物大分子制备效果的好坏与选取的原材料有直接的关系。在材料的选取上,应选择有效成分含量高的材料,来源丰富、容易获取的材料,新鲜度高的材料,所提取分离的目的物易与非目的物分离的材料。对于含量低的材料,可尽量选择组成单一,易被浓缩、富集, 提取工艺简单,综合利用价值高的材料。

材料选定后,应尽快加工预处理。动物组织要先除去结缔组织、脂肪等非活性部分,绞碎后在适当的溶剂中提取,如果所要求的成分在细胞内,则需先破碎细胞;植物组织需去壳、脱脂、粉碎等处理;微生物材料可通过离心及时将菌体与发酵液分开。生物材料如暂不提取,应冰冻保存。

二、细胞的破碎及细胞器的分离

(一) 细胞的破碎

对于分泌在细胞外的生物大分子来说,其收集相对简单,可在不破细胞的情况下,用适当的溶剂直接提取。对于细胞内和多细胞生物组织中各种生物大分子的分离则需要预先将细胞和组织破碎,使生物大分子充分释放到溶液中。不同生物体或同一生物体的不同组织,其细胞破碎难易程度有别,使用方法也不尽相同。常用的细胞破碎方法有:

1. 机械破碎法:主要通过机械切力的作用使组织细胞破坏。常用方法有:

(1)捣碎法:利用高速组织捣碎机旋转叶片产生的剪切力将组织细胞破碎。适用于动物内脏组织、植物种子、叶和芽及细菌的细胞破碎。

(2)匀浆法:利用匀浆器的两个磨砂面相互摩擦,将细胞磨碎。适用于易于分散、比较柔软、颗粒细小的组织细胞。匀浆法对细胞破碎程度较高,机械切力对生物大分子破坏较小,适用于量小的动物脏器组织。

(3)研磨法:利用研钵、石磨、球磨等研磨器械所产生的剪切力将组织细胞破碎。此

法常用于微生物和植物组织细胞的破碎,加入少量的玻璃砂效果较好。

2. 物理破碎法:主要通过温度、压力、声波等各种物理因素的作用,使组织细胞破碎,多用于微生物细胞的破碎。常用方法有:

(1)反复冻融法:待破碎样品放至−20℃以下冰冻,室温融解,如此反复操作,使大部分细胞及细胞内颗粒破坏。多用于动物性材料。

(2)冷热交替法:利用温度的突然变化,细胞由于热胀冷缩的作用而破碎的方法。此法对于那些较为脆弱、易于破碎的细胞,如革兰氏阴性菌等有较好的破碎效果。

(3)超声波破碎法:利用超声波发生器所发出的10 kHz~25 kHz的声波或超声波的作用,使细胞膜产生空穴作用而使细胞破碎的方法。此法多适用于微生物材料,处理效果与样品浓度和使用频率有关。采用低温、间歇式操作的方法效果较好。应用超声波处理时应注意避免溶液中气泡的存在,处理一些对超声波敏感的核酸和蛋白酶时宜慎重。

(4)压力差破碎法:通过压力的突然变化使细胞破碎的方法。常用的有高压冲击法、突然降压法及渗透压变化法等。此法对革兰氏阳性菌不适用。

(5)微波破碎法:该法是将微波和传统溶剂提取相结合而形成的一种细胞破碎提取方法。微波在传输过程中遇到不同物料时会产生反射、穿透、吸收现象,当细胞吸收微波能后,其内部温度迅速上升,细胞内部压力超过细胞壁承受能力而使细胞膨胀破裂,目的物同时进入到提取溶剂中。该方法是一种应用前景较好的处理方法。

3. 化学及生物化学法

(1)有机溶媒法:有机溶剂可使细胞壁或细胞膜中的类脂结构破坏,改变细胞壁或细胞膜的透过性,从而使与膜结合的酶或胞内酶等释放出胞外。常用的有机溶剂有甲苯、丙酮、丁醇、氯仿等。

(2)表面活性剂处理法:表面活性剂可促使细胞某些组分溶解,其溶解作用有助于细胞破碎。离子型表面活性剂对细胞破碎的效果较好,但因其会破坏酶结构,所以一般采用非离子表面活性剂,较常用的有SDS、Trition Ⅹ-100、Tween等。此方法常用于膜结合酶的提取。

(3)自溶法:将待破碎的新鲜材料在一定pH和适当的温度条件下保温,利用自身的蛋白酶将细胞破坏,使细胞内含物释放出来的一种方法。此方法比较稳定,变性较难,蛋白质不被分解而可溶化。但此方法所需时间较长。

(4)酶学破碎法:通过细胞本身的酶系或外加酶制剂的催化作用,分解并破坏细胞壁组分的特殊化学键而达到破碎细胞的方法。溶菌酶是应用最广泛的酶,它能水解多种菌体膜的多糖类,主要应用于细胞螯合肽聚糖的细菌类的细胞破碎。酶学破碎法的特点是专一性强,条件温和。

无论采用哪种方法破碎组织细胞时,都在一定的缓冲溶液或稀盐溶液中进行,一般还需加入某些保护剂,以防止生物大分子的变性及降解。

(二)细胞器的分离

各类生物大分子在细胞内的分布是不同的,制备一些高难度和高纯度的生物大分子时,需先分离各组分以防干扰。细胞器的分离一般采用差速离心法,是利用细胞各组分质量大小不同,在离心管不同区域沉降的原理,分离出所需组分。细胞器分离中常使用的介质有蔗糖、Ficoll或葡萄糖、聚乙二醇等溶液。

三、生物大分子的提取

提取又称抽提或萃取，是将经过处理或破碎的细胞置于一定的条件和溶剂中，让被提取的生物大分子充分释放出来的过程。

(1)根据提取时所采用的溶剂或溶液的不同，提取方法主要分为盐溶液提取、酸溶液提取、碱溶液提取、有机溶剂提取和表面活性剂提取等。

(2)提取效果如何，取决于该物质在溶剂中溶解度的大小和该物质的分子结构及使用溶剂的理化性质。影响提取的因素主要有：目的产物在提取的溶剂中溶解度的大小；由固相扩散到液相的难易程度；溶剂的 pH 和提取时间等。一种物质在某一溶剂中溶解度的大小与该物质的分子结构及使用的溶剂的理化性质有关。一般来说，极性物质易溶于极性溶剂，非极性物质易溶于非极性溶剂；碱性物质易溶于酸性溶剂，酸性物质易溶于碱性溶剂；温度升高，溶解度加大；远离等电点的 pH，溶解度增加。提取时所选择的条件应有利于目的产物溶解度的增加和保持其生物活性。

由于影响提取效果的因素较多，在进行生物大分子的提取时，应根据目的物的性质选择合适的提取方法，同时应充分考虑影响目的物得率的各种因素，优化提取条件以获得良好的提取效果。

四、生物大分子的分离纯化

制备生物大分子的分离纯化方法较多，主要是利用它们之间特异性的差异，如分子的大小、形状、酸碱性、溶解性、溶解度、极性、电荷和与其他分子的亲和性等。分离纯化的方法较多，其基本原理大致可以归纳为两个方面：一是利用混合物中几个组分分配系数的差异，把它们分配到两个或几个相中，如盐析、有机溶剂沉淀、层析和结晶等；二是将混合物置于某一物相(大多数是液相)中，通过物理力场的作用，使各组分分配于不同的区域，从而达到分离的目的，如电泳、离心、超滤等。目前纯化蛋白质等生物大分子的关键技术是电泳、层析和高速与超速离心。常用的分离纯化技术如下：

1. 沉淀分离技术

沉淀分离是通过改变某些条件或添加某种物质，使某种溶质在溶液中的溶解度降低，从溶液中沉淀析出而与其他溶质分离的技术。沉淀分离是生化物质分离纯化的常用方法。常用的沉淀法有以下几种：

(1)盐析沉淀法：盐析沉淀法简称盐析法，是利用溶质在不同的盐浓度条件下溶解度不同的特性，通过在溶液中添加一定浓度的中性盐，使某种物质从溶液中沉淀析出，从而与其他组分分离的过程。盐析沉淀常用于蛋白质的分离。盐析过程中常用的中性盐主要有硫酸铵、硫酸镁、硫酸钠、氯化钠、磷酸钠等。

(2)等电点沉淀法：通过调节溶液的 pH 至某种溶质的等电点(pI)，使其溶解度降低，析出沉淀，从而与其他组分分离的方法。等电点沉淀法广泛应用于两性电解质的分离。

(3)有机溶剂沉淀法：利用欲分离物质与其他杂质在有机溶剂中的溶解度不同，通过添加一定量的某种有机溶剂，使某种溶质沉淀析出，从而实现与其他组分分离的方法。此法分辨力比盐析法高，析出沉淀易于离心或过滤分离且不含无机盐，常用于蛋白质和核酸等物质的分离。但此方法容易引起蛋白质、酶等物质的变性失活，故应在低温下操

作,沉淀析出后应尽快分离以减少有机溶剂的影响。

2. 离心技术

根据物质的颗粒大小、密度、沉降系数及浮力因素等不同,应用高速旋转而产生的离心力,使物质分离、浓缩、提纯的方法称为离心技术。常用的离心技术主要有差速离心、密度梯度离心和等密度梯度离心。运用不同的离心方法可对不同的细胞、细胞器、生物大分子等生化物质进行分离。

3. 过滤与膜分离技术

利用多孔性介质(如滤布)截留固一液悬浮液中的固体粒子,进行固-液分离的方法称为过滤。常用的过滤介质有滤纸、滤布、脱脂棉、纤维、多孔陶瓷(塑料)烧结金属和各种微孔滤膜等。过滤介质常由惰性材料制成,介质应既不与滤液起反应,也不吸附或很少吸附滤液中的有效成分。同时还应具有耐酸碱、耐热、具有一定的机械强度,以适合不同的滤液需求。根据介质的不同,过滤可分为膜过滤和非膜过滤两大类。粗滤和部分微滤采用高分子膜以外的物质作为过滤介质,称为非膜过滤,简称过滤。而大部分微滤以及超滤、反渗透、透析、电渗析等采用高分子膜为过滤介质的,称为膜过滤,又称为膜分离技术。

4. 双水相萃取技术

双水相萃取是利用组分在两个互不相溶的水相中的溶解度不同而实现分离的萃取技术。双水相萃取中使用的双水相是由两种互不相溶的高分子溶液或者互不相溶的盐溶液和高分子溶液组成。如聚乙二醇-葡聚糖溶液、硫酸铵-聚乙二醇溶液等。在双水相系统中,蛋白质、RNA 等组分在两相中的溶解度和分配系数均不同,故可通过双水相萃取实现分离。

5. 层析分离技术

层析技术是利用被分离混合物中各组分的物理、化学及生物学特性(主要指吸附能力、溶解度、分子大小、分子带电性质及带电量的多少、分子亲和力等)的差异,当它们通过一个由互不相溶的两相(固定相和流动相)组成的体系时,由于混合物各组分在两相之间的分配比例、移动速度不同从而实现将混合成分分离的技术。层析技术常用于生物大分子物质的分离和提纯,运用该方法可以分离性质极为相似但使用一般化学方法难以分离的各种化合物,如蛋白质、糖、多种氨基酸、核苷酸等。

6. 电泳分离技术

电泳技术是指带电荷的供试品(蛋白质、核酸等)置于惰性支持介质(如纸、醋酸纤维素、琼脂糖凝胶、聚丙烯酰胺凝胶等)中,在电场的作用下,向与其所带电荷相反的电极方向以不同的速度进行泳动,从而使组分分离的一种实验技术。该技术也是生物大分子的分离纯化和定性定量分析常用的方法。对生物大分子的电泳分离技术主要有聚丙烯酰胺凝胶电泳、毛细管电泳、等电聚焦电泳等。

五、生物大分子的浓缩、干燥与保存

1. 浓缩

浓缩是指将低浓度溶液通过除去溶剂(包括水)变为高浓度溶液的过程,常在提取后、结晶前进行,有时也贯穿在整个制备过程中。浓缩常采用蒸发法、冰冻法、吸收法、超滤法等。

2. 干燥与保存

干燥是指将潮湿的固体、半固体或浓缩液中的水分(或溶剂)蒸发除去的过程。最常用的方法是真空干燥和冷冻干燥,对于某些无活性的核酸、微生物酶制剂和酪蛋白等工业产品则应用喷雾干燥、气流干燥等直接干燥法。

保存方法与生物大分子的稳定性密切相关,常采用干态贮藏和液态贮藏的方法。干态贮藏法就是将干燥后的样品置于干燥器内(内装有干燥剂)密封,保存在0℃～4℃冰箱中即可;液态贮藏法可免去繁杂的干燥过程,生物大分子的活性和结构破坏较少,但样品必须浓缩到一定浓度才利于储存,同时须加入防腐剂和稳定剂(常用的防腐剂有甲苯、苯甲酸、氯仿、百里酚等;蛋白质和酶常用的稳定剂有硫酸铵、蔗糖、甘油等)。液态贮藏要求贮藏温度较低,大多数在0℃左右冰箱保存,有的则要求更低的温度。不管采用哪种方法保存样品,都应注意避免样品长期暴露在空气中而受到污染。

六、纯度鉴定

生物大分子纯度的鉴定通常采用电泳、层析、沉降、HPLC、溶解度分析和结构分析等方法。鉴定过程中需要注意的是:采用任何单一方法所得到的结果只能作为其必要条件而不是充分条件。蛋白质和酶制品纯度的鉴定通常采用SDS-PAGE法、等电聚焦电泳法、N-末端氨基酸残基分析、HPLC、沉降分析、扩散分析等。核酸纯度的鉴定通常采用琼脂糖凝胶和聚丙烯酰胺凝胶电泳、沉降分析和紫外吸收法等物理方法。如紫外吸收法测定核酸,在pH等于7时,测定样品在260 nm和280 nm的吸光度值,从A_{260}/A_{280}的比值即可判断样品的纯度。核酸样品还可以进行生物活性测定,如测定mRNA体外翻译活性,可用于了解核酸在纯化过程中的提纯程度。

第三部分　生物化学实验

实验一　柑橘皮果胶的提取及果冻的制备

【实验目的】

(1) 掌握果胶提取的方法。

(2) 了解果胶形成凝胶的条件和成胶机理。

【实验原理】

果胶是高分子糖类化合物，广泛存在与水果和蔬菜中，如苹果中含量为 0.7%～1.5%(以湿品计)；蔬菜里以南瓜中含量最多，为 7%～17%；干橘皮中含量达 20%～30%。果胶的基本结构是以 α-1,4-糖苷键连接的聚半乳糖醛酸，其中部分羧基被甲酯化，其余的羧基与钾、钠、钙离子结合成盐。

果胶为白色或淡黄色粉末，溶于水可形成黏稠状液体，果胶与糖和有机酸共热可形成弹性胶冻。在食品工业中常利用果胶来制作果酱、果冻和糖果，在汁液类食品中果胶常用作增稠剂、乳化剂等。果胶在果酱中的主要作用是使酱体稳定地胶凝化，使无水果的果酱能有一定的组织感，使含水果的果酱中的果肉能均匀分布在酱体中一起胶凝。

在果蔬中，尤其是未成熟的水果和皮中，果胶多数以原果胶形式存在，原果胶是以金属离子(特别是钙离子)桥与多聚半乳糖醛酸中的游离羧基相结合。原果胶不溶于水，故一般先用酸水解，加热至 90 ℃，将不溶性的果胶转化为可溶性果胶，再进行脱色、沉淀、干燥，即为商品果胶。也可根据果胶不溶于乙醇的原理将其沉淀，以除去可溶性糖类、脂肪、色素等物质，得到较为纯净的果胶物质。本实验采取酸水解乙醇沉淀法。

【实验试剂】

橘皮(新鲜)；0.2 $mol \cdot L^{-1}$ HCl 溶液；5%酒石酸乙醇溶液；蔗糖；柠檬酸。

【实验器材】

恒温水浴锅；循环水真空泵；漏斗；pH 试纸；电炉；烧杯；玻璃棒；量筒。

【实验操作】

1. 果胶的提取

(1) 将橘皮浸水、漂洗、晾干、绞碎，称取 10 g 碎橘皮，100 ℃水浴 5 min；

(2) 加入 50 mL 蒸馏水，搅匀，用 0.2 $mol \cdot L^{-1}$盐酸调节 pH 至 2.0～2.5；

(3) 水浴加热至 100 ℃并恒温 30 min，趁热过滤；

(4) 在滤液中加入 0.5%～1.0%的活性炭，于 80 ℃加热 20 min 进行脱色和除异味，趁热抽滤，如抽滤困难可加入 2%～4%的硅藻土作助滤剂(如果橘皮漂洗干净，提取液为清澈透明，则不用脱色)；

(5) 在电炉上加热并浓缩至原体积的 1/3；

(6) 浓缩液冷却至 20 ℃～30 ℃后，沿烧杯壁缓慢加入 2 倍浓缩液体积的 5%酒石酸乙醇溶液，静置 3 min 后再慢慢沿着烧杯壁搅匀，果胶呈海绵状则沉淀完全。

2. 果冻的制备

(1) 用尼龙布过滤，得到果胶沉淀于烧杯中；

(2) 加入 3 mL 水，在搅拌下慢慢加热至果胶全部软化、溶化；

(3) 加入柠檬酸 0.1 g、蔗糖 20 g，在搅拌下加热至沸，继续熬煮 5 min，冷却后静置2 h～3 h 即成果冻。

【注意事项】

100 ℃水浴 5 min 主要是使果胶酶钝化，以免果胶分解。

【思考题】

1. 根据酯化度，果胶可分为哪几种类型？
2. 简述果胶提取的原理。

实验二　糖的颜色反应

【实验目的】

1. 了解糖类某些颜色反应的原理。

2. 学习应用糖的颜色反应鉴别糖类的方法。

【实验原理】

1. α-萘酚反应(Molisch 反应)

糖在浓无机酸(硫酸、盐酸)作用下，脱水生成糠醛及糠醛衍生物，后者在浓硫酸的作用下，能与α-萘酚生成紫红色物质，在糖液面与浓硫酸液面间出现紫色环。此法为鉴定糖的常用方法。但一些非糖物质如糖醛酸、丙酮及甲酸等对此反应也呈阳性。

2. 间苯二酚反应(Seliwanoff 反应)

在浓酸作用下，酮糖脱水生成羟甲基糠醛，后者再与间苯二酚作用可生成红色物质。此反应是酮糖的特异反应。醛糖在同样条件下呈色反应缓慢，只有在糖浓度较高或煮沸时间较长时，才呈微弱的阳性反应。在实验条件下蔗糖有可能水解而呈阳性反应。

3. 杜氏反应(Tollen 反应)

戊糖在浓酸作用下脱水生成糠醛，后者可与间苯三酚结合生成樱桃红色物质。本反应常用来鉴定戊糖，因为虽然己糖如果糖、半乳糖和糖醛酸等也可能产生颜色变化，但只有戊糖反应最快，常在 45 s 即产生樱桃红色物质。

【实验试剂及配制】

1. α-萘酚反应的试剂

(1) 莫氏(Molisch)试剂：称取 5 g α-萘酚，溶于 95%酒精中，使总体积达100 mL，贮于棕色瓶内，临用前配制。

(2) 1%葡萄糖溶液：称取 1 g 葡萄糖，溶于 100 mL 蒸馏水中。

(3) 1%蔗糖溶液：称取 1 g 蔗糖，溶于 100 mL 蒸馏水中。

(4) 1%淀粉溶液：称取 1 g 淀粉，溶于 100 mL 蒸馏水中。

(5) 浓硫酸 100 mL。

2. 间苯二酚反应的试剂

(1) 塞氏(Seliwanoff)试剂：称取 0.05 g 间苯二酚溶于 30 mL 浓盐酸中，再用蒸馏水稀释至 100 mL，临用前配制。

(2) 1%葡萄糖溶液：称取 1 g 葡萄糖，溶于 100 mL 蒸馏水中。

(3) 1%果糖溶液：称取 1 g 果糖，溶于 100 mL 蒸馏水中。

(4) 1%蔗糖溶液：称取 1 g 蔗糖，溶于 100 mL 蒸馏水中。

3. 杜氏反应的试剂

(1) 杜氏试剂：向 3 mL 2%间苯三酚乙醇(95%)溶液中缓慢加入浓盐酸15 mL 及蒸馏水 9 mL，临用前配制。

(2) 1%阿拉伯糖溶液：称取 1 g 阿拉伯糖，溶于 100 mL 蒸馏水中。

(3) 1%葡萄糖溶液：称取 1 g 葡萄糖，溶于 100 mL 蒸馏水中。

(4) 1%半乳糖溶液：称取 1 g 半乳糖，溶于 100 mL 蒸馏水中。

【实验器材】

试管及试管架;滴管;水浴锅。

【实验操作】

1. α-萘酚反应

先取3支试管,分别加入1%葡萄糖溶液、1%蔗糖溶液、1%淀粉溶液,然后向各管中加入莫氏试剂各2滴,混匀。另外取1支试管,只加2滴莫氏试剂作空白对照。再向4支试管中沿试管壁缓慢各加入浓硫酸约1.5 mL,慢慢立起试管,切勿摇动,浓硫酸在试液下,形成两层。在二液分界处有紫红色环出现。观察、记录各管颜色。

2. 间苯二酚反应

取3支试管,分别加入1%葡萄糖溶液、1%蔗糖溶液、1%果糖溶液各0.5 mL,再向各管分别加入塞氏试剂2.5 mL,混匀。将3支试管同时放入沸水浴中,注意观察、记录各管颜色的变化及变化时间。

3. 杜氏反应

取3支试管,分别加入1%阿拉伯糖溶液、1%葡萄糖溶液、1%半乳糖溶液各0.5 mL,再向各管分别加入杜氏试剂1 mL,混匀。将3支试管同时放入沸水浴中,注意观察、记录各管颜色的变化及变化时间。

【思考题】

1. 可用何种颜色反应鉴别酮糖的存在?

2. 简述α-萘酚反应的原理。

实验三 糖的薄层层析

【实验目的】

1. 了解薄层层析的基本原理。

2. 熟悉薄层层析的操作过程。

【实验原理】

薄层层析按其层析机理属吸附层析，即在铺有吸附剂的薄层上，经过反复地被吸附剂吸附和被展开剂解吸的过程。不同的糖在薄层上移动的速度不尽相同。被吸附剂吸附强且被展开剂展开弱的糖在薄层上移动速度慢，展开距离短；反之则快，移动距离长，于是混合糖液中的各种糖就得以分离。

【实验试剂及配制】

1. 糖溶液

(1) 2%鼠李糖溶液；(2) 2%蔗糖溶液；(3) 棉籽糖溶液。

2. 2%混合糖溶液

称取鼠李糖、蔗糖、棉籽糖各 1 g 溶于 50 mL 蒸馏水中，冰箱保存。

3. 糖显色剂

称取 1 g 二苯胺，加入 1 mL 苯胺。待溶解后加入 50 mL 丙酮，最后加入 5 mL H_3PO_4，边滴边搅拌。此溶液应透明无浑浊。

或称取 0.1 g $KMnO_4$，使之溶于 100 mL 2% Na_2CO_3 溶液中。在有糖存在时，紫色本底上出现淡黄色斑点。

4. 展开剂

正丁醇∶乙酸乙酯∶异丙醇∶醋酸∶水＝1∶3∶3∶2∶0.5(V/V)，临用时配制。

5. 硅胶 G

6. 0.02 $mol \cdot L^{-1}$醋酸钠溶液

【实验器材】

培养皿或卧式层析缸；喷雾器；电热吹风机；烘箱；玻璃板；吸量管；量筒；烧杯；微量吸管。

【实验操作】

1. 制板

称取硅胶 G 1.5 g，加入 0.02 $mol \cdot L^{-1}$醋酸钠溶液 3.8 mL，充分调匀后，立即倒于 5 cm×7.5 cm 的玻璃板上，使糊状物迅速铺平，铺满整个玻璃板。待硅胶 G 薄层在室温下完全固结后，置于 100 ℃烘箱中 1 h，取出置干燥器中备用。

2. 点样

从干燥器中取出硅胶 G 薄层板，在距离板的短边约 1.5 cm 处，每间隔 1 cm 用毛细玻管分别吸取 3 种单一糖及混合糖溶液点 4 个小点(记住点样顺序)，每种糖溶液只点一次。点样完毕，用电热吹风机吹干样点。

3. 展开

将展开剂于培养皿中按比例配好，混匀，将层析板点有样品的一端接触展开剂，使其展开，但不可使点样点浸没于展开剂中；然后在板的另一端的背面垫上一个小青霉素瓶，使其托住层析板；再盖上另一半培养皿，且最好用胶布将两块培养皿接点处封好（如图 3-1 所示）。或在卧式层析缸中加入展开剂，将层析板放入，且使层析板有样品的一端接触展开剂，但不可使样品浸没于展开剂中。待展开剂前沿距离板的末端约 1 cm 处时，取出薄层板，用电热吹风机吹干。

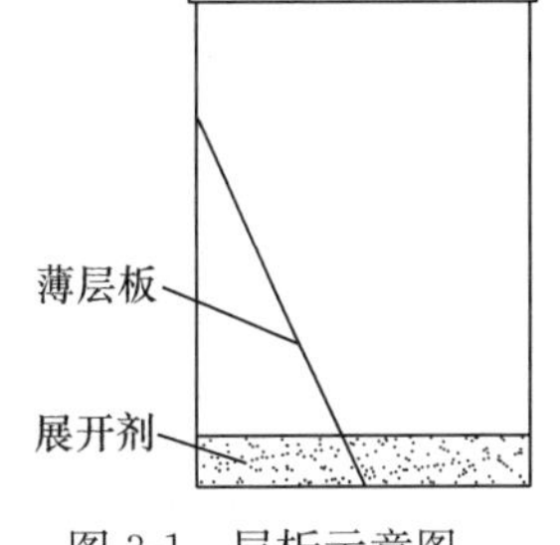

图 3-1　层析示意图

4. 显色与 R_f 值的计算

向薄层板上喷雾糖显色剂（喷雾时用力勿太大，否则易将薄层吹散），再用电热吹风机吹至色斑出现为止，也可用 80 ℃～100 ℃烘箱烘至色斑出现。最后分别测量并计算各单一糖及混合糖中各组分斑点的 R_f 值，鉴定混合糖中糖的种类。

【注意事项】

1. 铺板要均匀，中间要连续，不得有气泡或断纹。
2. 点样应集中，每点直径不应超过 0.5 cm，点样干燥后再层析。
3. 点样端浸入展开剂 0.5 cm 为宜，样点切不可浸入展开剂中。
4. 培养皿或卧式层析缸密闭性能要好，保证其中展开剂蒸汽达到饱和。

【思考题】

吸附层析和分配层析在实验原理上有什么区别？

实验四　3,5-二硝基水杨酸(DNS)法测定还原糖

【实验目的】

1. 掌握用硝基水杨酸比色法测定样品中总糖和还原糖含量的方法。

2. 掌握总糖和还原糖的提取方法。

【实验原理】

还原糖的测定是糖定量测定的基本方法。还原糖是指含有自由醛基或酮基的糖类。单糖都是还原糖。利用单糖、二糖与多糖的溶解度的不同可把它们分开。用酸水解法使没有还原性的二糖彻底水解成具有还原性的单糖,再进行测定,就可以求出样品中的还原糖的含量。

还原糖在碱性条件下加热被氧化成糖酸及其他产物,3,5-二硝基水杨酸则被还原为棕红色的3-氨基-5-硝基水杨酸。在一定范围内,还原糖的量与棕红色物质颜色的深浅成正比关系,利用分光光度计,在540 nm波长下测定吸光度,查对标准曲线并计算,便可求出样品中还原糖和总糖的含量。由于多糖水解为单糖时,每断裂一个糖苷键需加入一分子水,所以在计算多糖含量时应乘以0.9。

【实验试剂及配制】

1. 面粉

2. 6 mol·L^{-1} HCl溶液

50 mL浓盐酸加水稀释至100 mL溶液。

3. 6 mol·L^{-1} NaOH溶液

240 g NaOH溶解于500 mL水中,再加水定容到1 000 mL。

4. 碘化钾-碘溶液

20 g碘化钾和10 g碘溶于100 mL水中,使用前取1 mL加水稀释到20 mL。

5. 1 mg·mL^{-1}葡萄糖溶液

6. 3,5-二硝基水杨酸溶液

将6.3 g 3,5-二硝基水杨酸溶于262 mL 2 mol·L^{-1}的氢氧化钠溶液中。将此溶液与500 mL含有182 g酒石酸钾钠的热水混合。向该溶液中再加入5 g重蒸酚和5 g亚硫酸钠,充分搅拌使之溶解,待溶液冷却后,用水稀释到1 000 mL。贮存于棕色瓶中(需在冰箱中放置一周后方可使用)。

【实验器材】

pH试纸;恒温水浴器。

【实验操作】

1. 葡萄糖标准曲线的绘制

取试管6支,按表3-1操作。

表3-1　葡萄糖标准曲线绘制操作步骤

试　剂	1	2	3	4	5	6
1 mg·mL^{-1}葡萄糖溶液/mL	0.0	0.1	0.2	0.3	0.4	0.5
蒸馏水/mL	0.5	0.4	0.3	0.2	0.1	0.0
3,5-二硝基水杨酸/mL	0.5	0.5	0.5	0.5	0.5	0.5

充分混匀后于沸水浴中加热煮沸 5 min。冷却后再分别向各试管中加入蒸馏水 4 mL,混匀。以管 1 为空白对照,540 nm 波长下测各管的 A 值。绘制吸光度—葡萄糖浓度曲线。

2. 还原糖的制备

称取面粉 2 g,置于 100 mL 小烧杯中,加入 50 mL～60 mL 蒸馏水,搅拌均匀。50 ℃保温 30 min。将烧杯内含物转入 100 mL 容量瓶,加水到刻度。混匀后过滤。滤液用于测定还原糖。

3. 样品的酸水解和总糖提取

称取面粉 1 g,置于 100 mL 小烧杯中并溶于 15 mL 蒸馏水。加入 10 mL $6\ mol\cdot L^{-1}$盐酸,混匀后沸水浴煮沸 30 min,冷却。加入 $6\ mol\cdot L^{-1}$氢氧化钠中和。溶液转入 100 mL 容量瓶,加水到刻度并混匀。过滤后取 1 mL 滤液加水至 10 mL。

4. 样品总糖和还原糖的测定

取试管 3 支,按表 3-2 操作。

表 3-2　样品总糖和还原糖测定操作步骤

试　剂	1	2	3
还原糖抽提液/mL	0.0	0.5	0.0
总糖抽提液/mL	0.0	0.0	0.5
3,5-二硝基水杨酸/mL	0.5	0.5	0.5
	沸水浴中加热 5 min,然后冷却		
蒸馏水/mL	4.5	4.0	4.0

管 1 为对照,测定各管在 540 nm 波长下的 A 值,使用葡萄糖的标准工作曲线,计算还原糖和总糖的百分含量,即:

$$\text{还原糖}/\% = \frac{\text{还原糖浓度} \times N \times V}{\text{样品质量}} \times 100\%$$

$$\text{总糖}/\% = \frac{\text{总糖浓度} \times N \times V}{\text{样品质量}} \times 0.9 \times 100\%$$

式中:N 为稀释倍数;V 为溶液的体积。

【注意事项】

1. 小麦面粉中还原糖含量较少,计算总糖时可将其合并入多糖一起考虑。
2. 标准曲线制作与样品含糖量测定应同时进行,一起显色和比色。

【思考题】

1. 用比色法测定物质含量时,为什么要做空白对照试验?
2. 比色测定的原理是什么?操作步骤有哪些?
3. 面粉中主要含何种糖?

实验五　血糖浓度的测定

【实验目的】

学习用 Hagedorn-Jensen 二氏定糖法测定血糖含量。

【实验原理】

动物血液中的糖主要是葡萄糖，其含量较恒定。健康家兔的血糖水平为每 100 mL 血液含 80 mg～120 mg 葡萄糖。用硫酸锌和氢氧化钠除去被检血中的蛋白质制成无蛋白血滤液，当将血滤液与标准铁氰化钾溶液共热时，一部分铁氰化钾还原成亚铁氰化钾，并与锌离子生成不溶性化合物。

向混合液中加入碘化物后，用硫代硫酸钠溶液滴定所释放的碘，即可知剩余的铁氰化钾量。血糖越多，剩余的铁氰化钾越少，所消耗的硫代硫酸钠也越少。硫代硫酸钠溶液用量与血糖浓度的关系可以由经验确定下来的数字表查出。此过程可用反应式表示如下：

1. 还原反应

$$K_3Fe(CN)_6 + 糖 \longrightarrow K_4Fe(CN)_6 + 糖的氧化产物$$

$$2K_4Fe(CN)_6 + 3ZnSO_4 \longrightarrow K_2Zn_3[Fe(CN)_6]_2 \downarrow + 3K_2SO_4$$

由于产生不溶性化合物，糖的还原反应进行得比较完全。

2. 用碘量法测定剩余的标准 $K_3Fe(CN)_6$ 溶液

$$2K_3Fe(CN)_6 + 2KI + 8CH_3COOH \longrightarrow 2H_4Fe(CN)_6 + I_2 + 8CH_3COOK$$

$$2Na_2S_2O_3 + I_2 \longrightarrow 2NaI + Na_2S_4O_6$$

【实验试剂及配制】

1. 0.45%硫酸锌溶液 250 mL（新鲜配制）

2. 0.1 $mol \cdot L^{-1}$氢氧化钠溶液 50 mL（新鲜配制）

3. 0.005 $mol \cdot L^{-1}$铁氰化钾碱性溶液 200 mL

用分析天平称化学纯铁氰化钾 1.65 g，溶解后加入预先准备好的煅制无水碳酸钠 10.6 g，定容到 1 L。将溶液放在棕色瓶内，于阴暗处保存。

4. 氯-锌-碘溶液 200 mL

取硫酸锌 50 g 及纯氯化钠 250 g，定容到 1 L，作为母液。临用前根据所需用的试剂量加入碘化钾，使它在混合液中的浓度为 25 $g \cdot L^{-1}$。

5. 标准 0.005 $mol \cdot L^{-1}$硫代硫酸钠溶液 360 mL

临用时由标准 0.1 $mol \cdot L^{-1}$硫代硫酸钠溶液稀释。

6. 3%醋酸溶液 100 mL（不应含铁）

7. 1%可溶性淀粉溶液 20 mL

1 g 可溶性淀粉溶于 10 mL 沸水中，然后加入到 90 mL 饱和氯化钠溶液中。此溶液可作为大多数碘量法滴定的指示剂，可长期保存。

8. 实验材料

家兔。

【实验器材】

微量滴定管；0.1 mL 微量吸血管；水浴器；50 mm×90 mm 大试管；移液管。

【实验操作】

1. 取 2 支试管，各加入 0.45%硫酸锌溶液 5 mL 及 0.1 mol·L^{-1}氢氧化钠溶液 1 mL，此时产生氢氧化锌胶状沉淀。

2. 将家兔耳去毛后，用二甲苯擦拭使之充血。用棉球擦干，用针头刺破耳静脉并迅速用微量吸血管精确地吸取血液 0.1 mL。拭去吸血管尖端周围的血。将血吸入一支有氢氧化锌的试管中，并仔细地用吸入和放出溶液的方法洗微量吸血管 3 次。另一支试管中加入 0.1 mL 蒸馏水作为对照管。

3. 将两支试管同时放入沸水浴中。精确煮沸 4 min 后将两支试管的内容物用滤纸分别过滤到两支大试管内，用蒸馏水冲洗沉淀和原来的试管 2 次，每次都用蒸馏水3 mL。将溶液并在一起。

4. 向每支试管内用移液管精确地加入标准铁氰化钾碱性溶液 2 mL，一同放入沸水浴中煮沸 15 min。

5. 冷却后分别加入氯-锌-碘溶液 3 mL 及 3%醋酸溶液 2 mL，混匀，各加淀粉液 2 滴。用标准硫代硫酸钠溶液滴定至蓝色消失为止。

6. 血糖含量的计算

根据血糖换算表将样品滴定值和对照滴定值折合成糖值。将此两糖值的差乘以 1 000，即为 100 mL 血液中含葡萄糖毫克数。

表 3-3 列出 0.005 mol·L^{-1}硫代硫酸钠溶液的用量(mL)和血糖含量(mg·mL^{-1})的换算关系。

表中最左边纵行中的数字是滴定时消耗 0.005 mol·L^{-1}硫代硫酸钠溶液的毫升数的整数及小数后第一位。表中最上的横行代表其小数后第二位数字，表中交叉点的数字为 0.1 mL 血液中所含葡萄糖的毫克数。

表 3-3 0.005 mol·L^{-1}硫代硫酸钠溶液的用量(mL)和血糖含量(mg·mL^{-1})的换算关系

硫代硫酸钠的毫升数	0.00	0.01	0.02	0.03	0.04	0.05	0.06	0.07	0.08	0.09
0.0	0.385	0.382	0.379	0.376	0.373	0.370	0.367	0.364	0.361	0.358
0.1	0.355	0.352	0.350	0.348	0.345	0.343	0.341	0.338	0.336	0.333
0.2	0.331	0.329	0.327	0.325	0.323	0.321	0.318	0.316	0.314	0.312
0.3	0.310	0.308	0.306	0.304	0.302	0.300	0.298	0.296	0.294	0.292
0.4	0.290	0.288	0.286	0.284	0.282	0.280	0.278	0.276	0.274	0.272
0.5	0.270	0.268	0.266	0.264	0.262	0.260	0.259	0.257	0.255	0.253
0.6	0.251	0.249	0.247	0.245	0.243	0.241	0.240	0.238	0.236	0.234
0.7	0.232	0.230	0.228	0.226	0.224	0.222	0.221	0.219	0.217	0.215
0.8	0.213	0.211	0.209	0.208	0.206	0.204	0.202	0.200	0.199	0.197

续表

硫代硫酸钠的毫升数	0.00	0.01	0.02	0.03	0.04	0.05	0.06	0.07	0.08	0.09
0.9	0.195	0.193	0.191	0.190	0.188	0.186	0.184	0.182	0.181	0.179
1.0	0.177	0.175	0.173	0.172	0.170	0.168	0.166	0.164	0.163	0.161
1.1	0.159	0.157	0.155	0.154	0.152	0.150	0.148	0.146	0.145	0.143
1.2	0.141	0.139	0.138	0.136	0.134	0.132	0.131	0.129	0.127	0.125
1.3	0.124	0.122	0.120	0.119	0.117	0.115	0.113	0.111	0.110	0.108
1.4	0.106	0.104	0.102	0.101	0.099	0.097	0.095	0.093	0.092	0.090
1.5	0.088	0.086	0.084	0.083	0.081	0.079	0.077	0.075	0.074	0.072
1.6	0.070	0.068	0.066	0.065	0.063	0.061	0.059	0.057	0.056	0.054
1.7	0.052	0.050	0.048	0.047	0.045	0.043	0.041	0.039	0.038	0.036
1.8	0.034	0.032	0.031	0.029	0.027	0.025	0.024	0.022	0.020	0.019
1.9	0.017	0.015	0.014	0.012	0.010	0.008	0.007	0.005	0.003	0.002

【注意事项】

在操作步骤第 3 步中，如无大试管，可将溶液定量转移至 50 mL 锥形瓶中，以方便后续的滴定操作。

【思考题】

1. 哪些因素会影响实验结果的准确性？
2. 试说明实验中各试剂的作用。

实验六　酸价的测定

【实验目的】

了解脂肪酸价测定的原理和方法。

【实验原理】

酸价是指中和 1 g 油脂中的游离脂肪酸所需 KOH 的毫克数。油脂中的游离脂肪酸与 KOH 发生中和反应，从 KOH 标准溶液消耗量可计算出游离脂肪酸的量，反应式如下：

$$RCOOH + KOH \longrightarrow RCOOK + H_2O$$

脂肪在空气中暴露较久后，部分脂肪被水解产生自由的脂肪酸及醛类，某些低分子的自由脂肪酸（如丁酸）及醛类都有酸臭味，这种现象叫酸败。酸败的程度是以水解产生的自由脂肪酸的多少为指标的，习惯上用酸价表示。油脂工业中用酸价来表示油料作物及油脂的新鲜、优劣程度。新鲜的、贮放时间较短的油料作物酸价低，反之就高。油料作物经压榨后得到粗油，粗油需要进一步碱炼精制，除去油脚，这时就需测定酸价。根据酸价来决定加入的碱量，酸价高，加入的碱量就大。精炼后的产品需再测定酸价，酸价必须在一定范围内才合乎规格，准予出厂，因此测定酸价在生产中是相当重要的。

【实验试剂及配制】

1. 中性醇-醚混合液

取 95%乙醇（CP）和乙醚（CP）按 1∶1 等体积混合，然后在混合液中加入酚酞指示剂数滴，用0.1 $mol \cdot L^{-1}$ KOH 溶液中和至红色。

2. 1%酚酞指示剂

用 70%～90%乙醇配制。

3. 0.1 $mol \cdot L^{-1}$ KOH 标准溶液

4. 油脂（猪油、豆油等均可）

【实验器材】

电子天平；25 mL 碱式滴定管；100 mL 三角烧瓶（锥形瓶）。

【实验操作】

1. 准确称取油脂 1 g～5 g 于三角烧瓶中，另取一个三角烧瓶不加油脂作空白，在两个瓶中加入中性醇-醚混合溶液 50 mL，振摇溶解（固体脂肪需水浴溶化再加入混合溶液）或 40 ℃水浴中溶化透明后加入酚酞指示剂 1 滴～2 滴，用 0.1 $mol \cdot L^{-1}$KOH 标准溶液滴定（KOH 浓度视脂肪酸败程度而定）至淡红色，1 min 不褪色为终点，记录 0.1 $mol \cdot L^{-1}$ KOH 溶液用量。

2. 计算

$$酸价=\frac{c(V_2-V_1)\times 56.11}{m}$$

式中：c 为标准 KOH 溶液浓度，$mol \cdot L^{-1}$；V_2 为样品消耗 KOH 溶液毫升数，mL；V_1 为空白所用 KOH 溶液毫升数，mL；m 为样品质量，g；56.1 为1 $mol \cdot L^{-1}$ KOH 溶液 1 mL 所含 KOH 毫克数，mg。

【注意事项】

1. 每个样品做两个平行样，结果以算术平均值计。酸价值(KOH)在 2.0 mg·g^{-1}以下时，两个平行试样的相对偏差不得超过 8%，为其他值时，两个平行试样的相对偏差不得超过 5%，否则重做。

2. 测定蓖麻油的酸价时，只用中性乙醇不用混合溶剂。

【思考题】

在贮存期间油脂为什么会发生酸败？其主要原因是什么？

实验七 碘值的测定

【实验目的】

学习脂肪碘值测定的原理和方法。

【实验原理】

脂肪中的不饱和脂肪酸碳链上有不饱和键，可以吸收卤素(Cl_2，Br_2 和 I_2)，不饱和键数目越多，吸收的卤素量也越多。每 100 g 脂肪所吸收的碘的克数，称为该脂肪的碘值。即碘值越高，不饱和脂肪酸的含量越高，碘值是检定和鉴别油脂的一个重要参数，可以用来推算油、脂的定量组成。油脂工业中生产的油酸是橡胶合成工业的原料，亚油酸是生产医疗上治疗高血压药物的重要材料。它们都是不饱和脂肪酸，这些产品出厂规格都要求碘值在一定范围内，而另一类饱和脂肪酸产品如硬脂酸，也常会掺有一些不饱和脂肪酸杂质。碘值被用来表示产品的纯度，若碘值高，表明分离去杂还不够，因此，生产中常测定碘值。几种常见油脂的碘值如表 3-4 所示。

表 3-4 几种常见油脂的碘值

油脂	碘值	油脂	碘值
亚麻籽油	175～210	鱼肝油	154～170
花生油	85～100	猪油	48～64
棉籽油	104～116	牛油	25～41

由于碘与脂肪的加成作用很慢，故于 Hanus 试剂中加入适量溴，产生溴化碘，与脂肪作用。将一定量(必须过量)的溴化碘(Hanus 试剂)与脂肪作用后，测定溴化碘剩余量，即可求得脂肪之碘值，本法的反应如下：

$$I_2 + Br_2 \longrightarrow 2IBr\text{(Hanus 试剂)}$$

$$IBr + -CH=CH- \longrightarrow -CHI-CHBr-$$

$$KI + CH_3COOH \longrightarrow HI + CH_3COOK$$

$$HI + IBr \longrightarrow HBr + I_2$$

$$I_2 + 2Na_2S_2O_3 \longrightarrow 2NaI + Na_2S_4O_6\text{(滴定)}$$

【实验试剂及配制】

1. Hanus 试剂

溶 13.20 g 升华碘于 1 L 冰醋酸内，溶解时可将冰醋酸分几次加入，并置水浴中加热助溶，冷却后，加适当的溴(约 3 mL)使卤素值增高 1 倍。将此溶液贮于棕色瓶中。

2. 15%碘化钾溶液

溶 150 g 碘化钾于蒸馏水中，稀释至 1 L。

3. 标准硫代硫酸钠溶液(约 0.05 mol・L^{-1})

溶 25 g 纯硫代硫酸钠晶体($Na_2S_2O_3 \cdot 5H_2O$，CP 以上规格)于经煮沸后刚冷的蒸馏水中，稀释至 1 L，此溶液中可加少量(约 50 mg)Na_2CO_3，数日后标定。

标定方法：准确称取 0.15 g～0.20 g 重铬酸钾 2 份，分别置于两个 500 mL 锥形瓶中，各加水约 30 mL，溶解后，加入固体碘化钾 2 g 及 6 mol・L^{-1} HCl 10 mL，混匀，塞好，置暗处 3 min，然后加水 200 mL，用 $Na_2S_2O_3$ 滴定。当溶液由棕变黄后，加淀粉液 3 mL，

继续滴定至溶液呈淡绿色为止，计算 $Na_2S_2O_3$ 溶液的准确浓度，滴定的反应是：

$$K_2Cr_2O_7+6I^-+14H^+\longrightarrow 2K^++2Cr^{3+}+3I_2+7H_2O$$

$$I_2+2S_2O_3^{2-}\longrightarrow 2I^-+S_4O_6^{2-}$$

4. 1%淀粉液

1 g 可溶性淀粉先用少量冷水制成浆状，缓缓倾入沸水中，并用沸水定容至 100 mL。

5. 蓖麻油或其他油类

【实验器材】

500 mL 碘瓶(如图 3-2 所示)；10 mL 量筒；20 mL 称量瓶；500 mL 锥形瓶；5 mL 吸管；25 mL、50 mL 滴定管(棕色)；铁架台；电子天平。

图 3-2　碘瓶

【实验操作】

准确称取一定量的脂肪，置于碘瓶中，加 10 mL 氯仿作溶剂，待脂肪溶解后，加入 Hanus 试剂 20 mL（注意勿使碘液沾在瓶颈部)，塞好碘瓶，轻轻摇动，摇动时应避免溶液溅至瓶颈部及塞子上，混匀后，置暗处(或用黑布包裹碘瓶)30 min，于另一碘瓶中置同量试剂，但不加脂肪，做空白试验。

30 min 后，先注少量 15%碘化钾溶液于碘瓶口边上，将玻璃塞稍稍打开，使碘化钾溶液流入瓶内，并继续由瓶口边缘加入碘化钾溶液，共加 20 mL，再加水100 mL，混匀，随即用标准硫代硫酸钠溶液进行滴定。开始加硫代硫酸钠溶液时可较快。等瓶内液体呈淡黄色时，加 1%淀粉液 1 mL，继续滴定，滴定将近终点时(蓝色已极淡)可加塞振荡，使其与溶于氯仿中的碘完全作用，继续滴定至蓝色恰好消失为止，记录所用硫代硫酸钠溶液的量，用同法滴定空白管瓶。

按下式计算碘值：

$$碘值=\frac{c(V_1-V_2)}{m}\times\frac{126.9}{1000}\times 100$$

式中：V_1 为滴定空白所耗 $Na_2S_2O_3$ 溶液的体积，mL；V_2 为滴定样品所耗 $Na_2S_2O_3$ 溶液的体积，mL；m 为脂肪质量，g；c 为 $Na_2S_2O_3$ 溶液的浓度，$mol\cdot L^{-1}$。

【注意事项】

1. 本实验所用试剂均需高纯度。如 Hanus 试剂中的冰醋酸，不能含有还原剂，冰醋酸与硫酸及重铬酸钾共热不呈绿色时才算合格。

2. 样品和空白应同时加入 Hanus 试剂。因为醋酸膨胀系数较大，温度稍有变化，即影响其体积，造成误差。

3. 加入 Hanus 试剂后，如果测定碘值在 110 以下的油脂时放置 30 min，碘值高于此值则需放置 1 h。放置温度应保持在 20 ℃以上，若温度过低，放置时间应增至 2 h；放置期间应不时摇动。

4. 卤素的加成反应是可逆的，只有在卤素绝对过量时该反应才能进行完全，所以油脂吸收的碘量不应超过 Hanus 溶液所含碘量的一半。若瓶内混合液的颜色很浅，表示油脂用量过多，应再称取较少量的油脂重新操作。如加入碘试剂后液体变浊，这表明油脂在氯仿中溶解不完全，可再加些氯仿。

5. 碘瓶必须清洁、干燥。瓶中的油如果含有水分，会引起反应不完全。

6. 淀粉溶液不宜加得过早，否则滴定值易偏高。

【思考题】

何谓碘值？生产中测定碘值具有什么意义？

实验八　皂化价的测定

【实验目的】

了解脂肪皂化价测定的原理和方法。

【实验原理】

脂肪的碱水解称为皂化作用。皂化 1 g 脂肪所需 KOH 的毫克数，称为皂化价。脂肪的皂化价和其相对分子质量成反比(亦与其所含的脂肪酸相对分子质量成反比)，由皂化价数值可知混合脂肪(或脂肪酸)的平均相对分子质量。

【实验试剂】

0.5 $mol \cdot L^{-1}$ KOH-乙醇溶液；0.5 $mol \cdot L^{-1}$ 标准 HCl 溶液；1%酚酞指示剂；脂肪(猪油、豆油、棉籽油等均可)。

【实验器材】

分析天平(万分之一)；250 mL 烧瓶；50 mL 酸式滴定管(×1)；50 mL 碱式滴定管(×1)；冷凝管；橡皮管；恒温水浴器。

【实验操作】

1. 在分析天平上称取脂肪 0.5 g 左右，置 250 mL 烧瓶中，加入 0.5 $mol \cdot L^{-1}$ KOH-乙醇溶液 50 mL。

2. 烧瓶上装冷凝管于沸水浴内回馏 30 min～60 min，至瓶内脂肪完全皂化为止(此时瓶内液体澄清无油珠出现)。

3. 皂化完毕，冷至室温，加入 1%酚酞指示剂 2 滴，以 0.5 $mol \cdot L^{-1}$ 标准 HCl 溶液滴定剩余的碱，记录盐酸用量。

4. 另做一空白试验，除不加脂肪外，其余操作均同上，记录空白试验盐酸的用量。

计算：

$$皂化价=\frac{(V_2-V_1)\times 0.5\times 56.11}{m}$$

式中：V_2 为空白试验所消耗的 0.5 $mol \cdot L^{-1}$ HCl 溶液的毫升数，mL；V_1 为脂肪酸实验所消耗的 0.5 $mol \cdot L^{-1}$ HCl 溶液的毫升数，mL；m 为样品的质量，g。

【注意事项】

1. 每个样品做两个平行样，试验结果(KOH)允许偏差不超过 1.0 $mg \cdot g^{-1}$，求其平均数，即为测定结果。测定结果保留到小数点后第一位。

2. 用 KOH-乙醇溶液不仅能溶解油脂，而且能防止生成的肥皂水解。

3. 皂化后剩余的碱用盐酸中和，不能用硫酸滴定，因为生成的硫酸钾不溶于酒精，易生成沉淀，影响结果。

【思考题】

皂化反应中 KOH 起什么作用？乙醇起什么作用？

实验九　粗脂肪含量的测定——索氏抽提法

【实验目的】

掌握索氏抽提法测定粗脂肪含量的原理和操作方法。

【实验原理】

脂肪广泛存在于许多植物的种子和果实中，测定脂肪的含量，可以作为鉴别其品质优劣的一个指标。脂肪含量的测定方法有很多，如抽提法、酸水解法、密度法、折射法、电测和核磁共振法等。目前国内外普遍采用抽提法，其中索氏抽提法是公认的经典方法，也是我国粮油分析首选的标准方法。

本实验采用索氏抽提法中的残余法，即用低沸点有机溶剂（乙醚或石油醚）回流抽提，除去样品中的粗脂肪，以样品与残渣质量之差，计算粗脂肪含量。由于有机溶剂的抽提物中除脂肪外，还或多或少含有游离脂肪酸、甾醇、磷脂、蜡及色素等类脂物质，因而抽提法测定的结果只能代表粗脂肪含量。

【实验试剂】

油料作物种子；无水乙醚或低沸点石油醚（AR）。

【实验器材】

索氏脂肪抽提器（如图 3-3 所示）；干燥器（直径 15 cm～18 cm，盛变色硅胶）；不锈钢镊子（长 20 cm）；培养皿；分析天平（感量 0.001 g）；称量瓶；恒温水浴器；烘箱；样品筛（60 目）；中性滤纸。

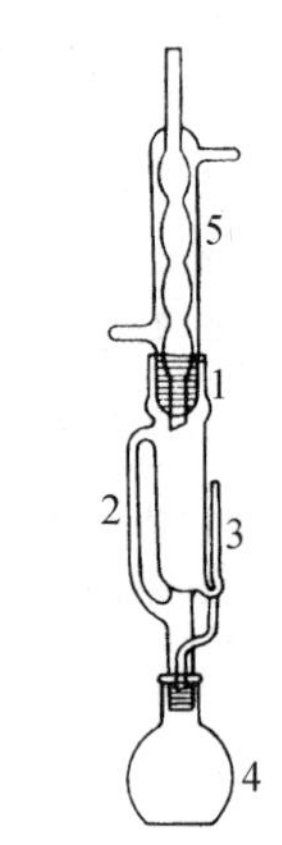

图 3-3　索氏脂肪抽提器

1. 提取管　2. 联接管　3. 虹吸管　4. 提取瓶　5. 冷凝管

【实验操作】

1. 将滤纸叠成一边不封口的纸包，放在培养皿中。将盛有滤纸包的培养皿移入（105±2）℃烘箱中干燥2 h，取出放入干燥器中，冷却至室温。将滤纸包放入称量瓶中称重（记作 a），称量时室内相对湿度必须低于 70%。

2. 包装和干燥

在上述已称重的滤纸包中装入 3 g 左右研细的样品，封好包口，放入（105±2）℃烘箱中干燥 3 h，移至干燥器中冷却至室温，放入称量瓶中称重（记作 b）。

3. 抽提

将装有样品的滤纸包用长镊子放入提取瓶中，注入一次虹吸量的 1.67 倍的无水乙醚，使样品包完全浸没在乙醚中。连接好抽提器各部分，接通冷凝水水流，在恒温水浴中进行抽提，调节水温在 70 ℃～80 ℃，使冷凝下滴的乙醚成连珠状（120 滴 · min^{-1}～150 滴 · min^{-1}或回流 7 次 · h^{-1}以上），抽提至提取瓶内的乙醚用滤纸点滴检查无油迹为止（约需 6 h～12 h）。抽提完毕后，用长镊子取出滤纸包，在通风处使乙醚挥发（抽提时室温以 12 ℃～25 ℃为宜）。提取瓶中的乙醚另行回收。

4. 称重

待乙醚挥发之后，将滤纸包置于（105±2）℃烘箱中干燥 2 h，放入干燥器冷却至恒重为止(记作 c)。

5. 结果与计算

$$粗脂肪含量/\% = \frac{b-c}{b-a} \times 100\%$$

式中：a 为称量瓶加滤纸包重,g；b 为称量瓶加滤纸包和烘干样重,g；c 为称量瓶加滤纸包和抽提后烘干残渣重,g。

【注意事项】

1. 滤纸必须为脱脂滤纸。

2. 测定用样品、抽提器、抽提用有机溶剂都需要进行脱水处理。这是因为:第一,抽提体系中有水,会使样品中的水溶性物质溶出,导致测定结果偏高;第二,抽提体系中有水,则抽提溶剂易被水饱和(尤其是乙醚,可饱和约 2%的水),从而影响抽提效率;第三,样品中有水,抽提溶剂不易渗入细胞组织内部,结果不易将脂肪抽提干净。

3. 试样粗细度要适宜。试样粉末过粗,脂肪不易抽提干净;试样粉末过细,则有可能透过滤纸孔隙随回流溶剂流失,影响测定结果。

4. 索氏抽提法测定脂肪最大的不足是耗时过长,如能将样品先回流 1～2 次,然后浸泡在溶剂中过夜,次日再继续抽提,则可明显缩短抽提时间。

5. 必须十分注意乙醚的安全使用。抽提室内严禁有明火存在或用明火加热。乙醚中不得含有过氧化物,保持抽提室内通风良好,以防燃爆。乙醚中过氧化物的检查方法是:取适量乙醚,加入碘化钾溶液,用力摇动,放置 1 min,若出现黄色则表明存在过氧化物,应进行处理后方可使用。处理的方法是:将乙醚放入分液漏斗,先以乙醚量 1/5 的稀 KOH 溶液洗涤 2～3 次,以除去乙醇;然后用盐酸酸化,加入乙醚量 1/5 的 $FeSO_4$ 或 Na_2SO_3 溶液,振摇,静置,分层后弃去下层水溶液,以除去过氧化物;最后用水洗至中性,用无水 $CaCl_2$ 或无水 Na_2SO_4 脱水,并进行重蒸馏。

【思考题】

1. 简述利用残余法测定油料作物种子中粗脂肪含量的原理及步骤。
2. 测定过程中为什么需要对样品、抽提器、抽提用有机溶剂都进行脱水处理?
3. 在实验过程中使用乙醚应注意哪些安全问题?
4. 测定时对样品颗粒粗细有什么要求?

实验十　蛋白质及氨基酸的呈色反应

【实验目的】

1. 了解构成蛋白质的基本结构单位及主要连接方式。
2. 了解蛋白质和某些氨基酸的呈色反应原理。
3. 学习几种常用的鉴定蛋白质和氨基酸的方法。

一、双缩脲反应

【实验原理】

尿素加热至 180 ℃左右，生成双缩脲并放出一分子氨。双缩脲在碱性环境中能与 Cu^{2+} 结合生成紫红色化合物，此反应称为双缩脲反应。蛋白质分子中有肽键，其结构与双缩脲相似，也能发生此反应，因此该法可用于蛋白质的定性或定量测定。

反应式如下：

$$2\ H_2N-C(=O)-NH_2 \xrightarrow{180℃} H_2N-C(=O)-NH-C(=O)-NH_2 + NH_3\uparrow$$

双缩脲

$$H_2N-C(=O)-NH-C(=O)-NH_2 \xrightarrow[OH^-]{Cu^{2+}} \left[\text{HN}\begin{matrix}C(-O^-)=N(H) \\ C(=O)-N(H)\end{matrix}\text{Cu}\begin{matrix}N(H)-C(=O) \\ N(H)=C(-O^-)\end{matrix}\text{NH}\right]^{2-}$$

紫红色化合物

双缩脲反应不仅为含有两个以上肽键的物质所有，含有一个肽键和一个—CS—NH_2，—CH_2—NH_2，—CRH—NH_2，—$CHNH_2$—CH_2OH 或—CHOH—CH_2NH_2 等基团的物质以及乙二酰二胺等物质也有此反应。NH_3 也干扰此反应，因为 NH_3 与 Cu^{2+} 可生成暗蓝色的络离子 $Cu(NH_3)_4^{2+}$。因此，一切蛋白质或二肽以上的多肽都有双缩脲反应，但有双缩脲反应的物质不一定是蛋白质或多肽。

【实验试剂】

尿素；10％氢氧化钠溶液；1％硫酸铜溶液；2％卵清蛋白溶液。

【实验器材】

试管架及试管；试管夹；酒精灯；滴管。

【实验操作】

取少量尿素结晶，放在干燥试管中。用微火加热使尿素熔化。熔化的尿素开始硬化时，停止加热，尿素放出氨，直到熔融物是白色而坚硬，停止加热。冷却后，加 10%氢氧化钠溶液约1 mL，振荡混匀，再加 1%硫酸铜溶液 5 滴，再振荡。观察出现的粉红色。

向另一试管加卵清蛋白溶液约 1 mL 和 10%氢氧化钠溶液约 2 mL，摇匀，再加 1%硫酸铜溶液 5 滴，随加随摇。观察紫红色的出现。

【注意事项】

避免添加过量硫酸铜，否则，生成的蓝色氢氧化铜会掩盖粉红色。

二、茚三酮反应

【实验原理】

蛋白质、多肽和各种氨基酸具有茚三酮反应。除脯氨酸、羟脯氨酸和茚三酮反应产生黄色物质外，其他氨基酸能和茚三酮反应生成蓝紫色物质。

β-丙氨酸、氨和许多一级胺都呈现此反应，尿素、马尿酸、二酮吡嗪和肽键上的亚氨基不呈现此反应。因此，虽然蛋白质和氨基酸均有茚三酮反应，但能与茚三酮呈正反应的不一定是蛋白质和氨基酸。在定性定量测定中，应严防干扰物的存在。

该反应十分灵敏，1∶1 500 000 浓度的氨基酸水溶液即能呈现反应，是一种常用的氨基酸定量测定方法。

茚三酮反应分为两步，第一步是氨基酸被氧化形成 CO_2、NH_3 和醛，水合茚三酮被还原成还原型茚三酮；第二步是所形成的还原型茚三酮同另一个水合茚三酮分子和氨缩合生成有色物质。

反应机理如下：

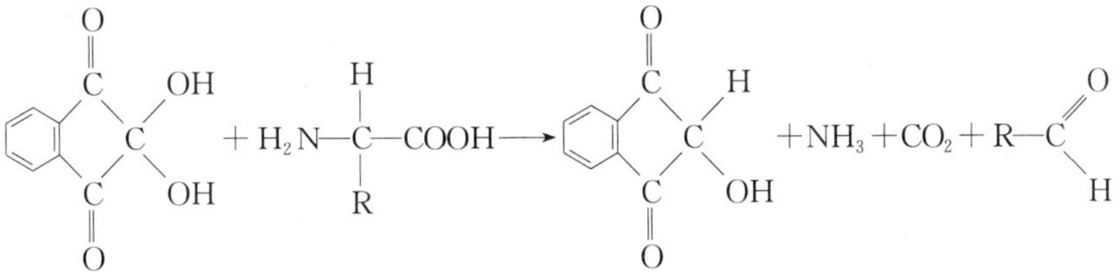

水合型茚三酮 + $H_2N—CH(R)—COOH$ ⟶ 还原型茚三酮 + NH_3 + CO_2 + $R—CHO$

水合型茚三酮　　还原型茚三酮

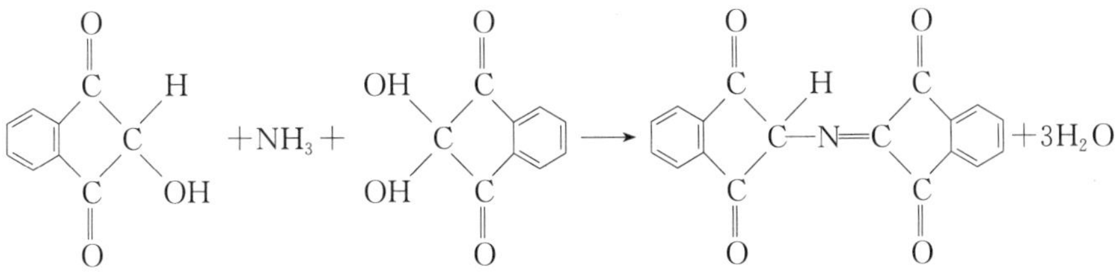

还原型茚三酮 + NH_3 + 水合型茚三酮 ⟶ 蓝紫色化合物 + $3H_2O$

蓝紫色化合物

此反应的适宜 pH 为 5～7，同一浓度的蛋白质或氨基酸在不同 pH 条件下的颜色深浅不同，酸度过大时甚至不显色。

【实验试剂及配制】

1. 蛋白质溶液

2%卵清蛋白或新鲜鸡蛋清溶液(蛋清∶水=1∶9)

2. 0.5%甘氨酸溶液

3. 0.1%茚三酮水溶液

4. 0.1%茚三酮-乙醇溶液

【实验器材】

试管架及试管；试管夹；酒精灯；滴管。

【实验操作】

1. 取2支试管分别加入蛋白质溶液和甘氨酸溶液1 mL，再各加0.5 mL 0.1%茚三酮水溶液，混匀，在沸水浴中加热1 min～2 min，观察颜色由粉色变紫红色再变蓝。

2. 在一小块滤纸上滴上1滴0.5%甘氨酸溶液，风干后，再在原处滴上1滴0.1%茚三酮-乙醇溶液，在微火旁烘干显色，观察紫红色斑点的出现。

【注意事项】

1. 茚三酮溶液应该当天配制。

2. 不要把茚三酮试剂滴到皮肤上，否则皮肤将被染成蓝紫色。

3. 蛋清溶液须新鲜配制，如反应呈色现象不很明显，可适当减少蛋清的稀释倍数。

三、黄色反应

【实验原理】

含有苯环结构的氨基酸，如酪氨酸和色氨酸，遇硝酸后，可被硝化成黄色物质，该化合物在碱性溶液中进一步形成深橙色的邻硝醌酸钠。反应式如下：

$$C_6H_5OH + HNO_3 \longrightarrow C_6H_4(OH)NO_2 \xrightarrow{NaOH} O{=}C_6H_4{=}N(=O)O^-Na^+$$

硝基酚（黄色）　　邻硝醌酸钠（橙黄色）

多数蛋白质分子含有带苯环的氨基酸，所以有黄色反应，苯丙氨酸不易硝化，需加入少量浓硫酸才有黄色反应。

【实验试剂及配制】

1. 鸡蛋清溶液

将新鲜鸡蛋的蛋清与水按1∶20混匀，然后用6层纱布过滤。

2. 大豆提取液

将大豆浸泡充分，吸胀后研磨成浆状，用纱布过滤。

3. 头发

4. 指甲

5. 0.5%苯酚溶液

6. 浓硝酸

7. 0.3%色氨酸溶液

8. 0.3%酪氨酸溶液

9. 10%氢氧化钠溶液

【实验器材】

试管架及试管；试管夹；酒精灯；滴管。

【实验操作】

向7个试管中分别按表3-5加入试剂，观察各管出现的现象，有的试管反应慢，可略放置或用微火加热。待各管出现黄色后，于室温下逐滴加入 10%氢氧化钠溶液至碱性，观察颜色变化（如表 3-5 所示）。

表 3-5　蛋白质及氨基酸的黄色反应操作步骤

试剂/滴 \ 管号	1	2	3	4	5	6	7
	鸡蛋清溶液	大豆提取液	指甲	头发	0.5%苯酚	0.3%色氨酸	0.3%酪氨酸
材料	4	4	少许	少许	4	4	4
浓硝酸	2	4	40	40	4	4	4
现　象							

【注意事项】

1. 鸡蛋清的浓度不可太稀，否则颜色反应不明显。
2. 加浓硝酸时要小心，不要洒到皮肤上。
3. 头发和指甲的分量要足，鸡蛋清溶液不可加热，因加热会使蛋白质变性。

四、坂口反应

【实验原理】

精氨酸和许多胍代化合物与 α-萘酚在碱性次溴酸钠溶液中发生反应，产生红色物质，反应式如下：

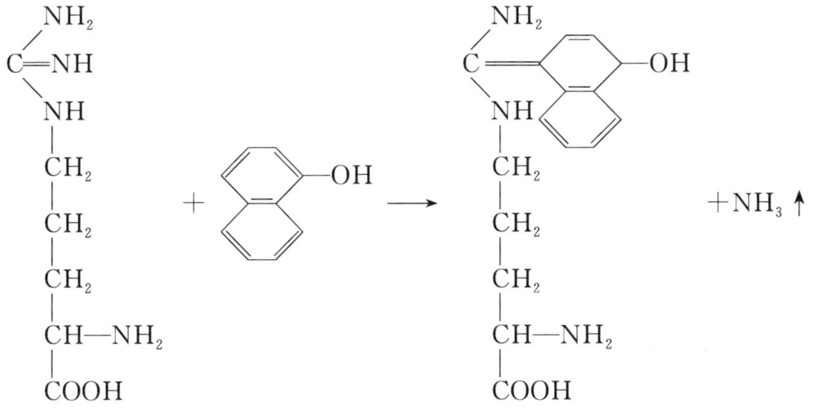

$$H_2N-C(=NH)-NH-CH_2-CH_2-CH_2-CH(NH_2)-COOH + \text{(α-萘酚)}-OH \longrightarrow \text{红色物质} + NH_3\uparrow$$

红色物质

$$2NH_3 + 3NaBrO \longrightarrow N_2\uparrow + 3H_2O + 3NaBr$$

精氨酸是唯一呈正反应的氨基酸，反应极为灵敏，此反应可用于定性鉴定含有精氨酸的蛋白质和定量测定精氨酸。

【实验试剂及配制】

1. 0.3%精氨酸溶液
2. 蛋白质溶液

鸡蛋清∶水=1∶20；配法见“黄色反应”。

3. 20%氢氧化钠溶液
4. 1% α-萘酚乙醇溶液（临用时配制）

5. 次溴酸钠溶液

2 g 溴溶于 100 mL 5%氢氧化钠溶液中。置棕色瓶中,可在冷暗处保存 2 周。

【实验器材】

试管架及试管;试管夹;滴管。

【实验操作】

向各试管中按表 3-6 加入试剂,记录出现的现象。

表 3-6 蛋白质及氨基酸的坂口反应操作步骤

管号 \ 试剂/滴	H_2O	0.3%精氨酸	蛋白质溶液	20%NaOH	α-萘酚	次溴酸钠	现 象
1	—	—	5	5	3	1	
2	4	1	—	5	3	1	
3	5	—	—	5	3	1	

【注意事项】

本实验十分灵敏。α-萘酚要过量。次溴酸钠、精氨酸及蛋白质均不可过多,过多的次溴酸钠可继续氧化有色产物使颜色消失。

五、乙醛酸反应

【实验原理】

在浓硫酸存在下,色氨酸与乙醛酸反应生成紫色物质,反应机理尚不清楚,可能是一分子乙醛酸与两分子色氨酸脱水缩合形成类似靛蓝色的物质。

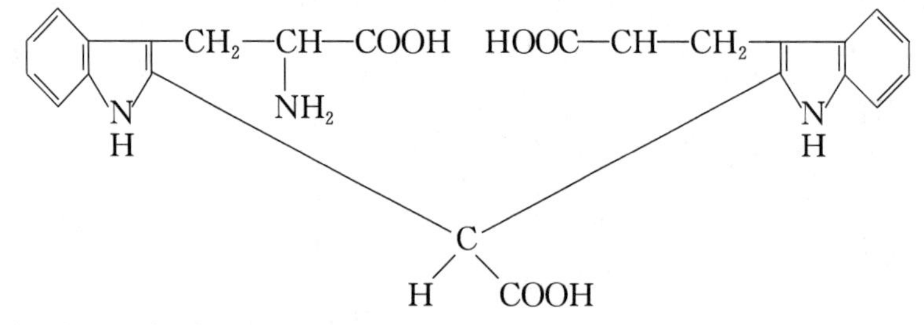

含有色氨酸的蛋白质也有此反应。

【实验试剂及配制】

1. 蛋白质溶液

鸡蛋清∶水 = 1∶20。

2. 0.03%色氨酸溶液

3. 冰醋酸

4. 浓硫酸(AR)

【实验器材】

试管架及试管;试管夹;滴管。

【实验操作】

取 3 支试管,编号。分别按表 3-7 所示加入蛋白质溶液、色氨酸溶液和水,然后各加入冰醋酸 2 mL。混匀后倾斜试管,沿管壁分别缓缓加入浓硫酸约 1 mL,静置。观察各管液面紫色环的出现。若不明显,可在水浴中微热。

表 3-7 蛋白质及氨基酸的乙醛酸反应操作步骤

试剂 管号	水 /滴	0.03%色氨酸溶液/滴	蛋白质溶液 /滴	冰醋酸 /mL	浓硫酸 /mL	现象
1	—	—	5	2	1	
2	4	1	—	2	1	
3	5	—	—	2	1	

【注意事项】

冰醋酸一般都含有乙醛酸杂质，故可用冰醋酸代替乙醛酸。

六、偶氮反应

【实验原理】

偶氮化合物与酚核或咪唑环结合产生有色物质。它与酪氨酸和组氨酸反应的产物分别为红色和樱桃红色。

【实验试剂及配制】

1. 鸡蛋清
2. 0.3%组氨酸溶液
3. 0.3%酪氨酸溶液
4. 20%氢氧化钠溶液
5. 重氮试剂

溶液 A：5 g 亚硝酸钠溶于 1 000 mL 水中。

溶液 B：5 g 对氨基苯磺酸溶于 1 000 mL 水中，溶解后，再加入 5 mL 浓硫酸。

溶液 A 和 B 分别保存在密闭瓶中，用时以等体积混合。

【实验器材】

试管架及试管；试管夹；滴管。

【实验操作】

取 3 支试管，编号。分别按表 3-8 所示顺序和剂量加入试剂，并观察有色产物的生成。

表 3-8 蛋白质及氨基酸的偶氮反应操作步骤

试剂/滴 管号	0.3% 组氨酸溶液	0.3% 酪氨酸溶液	鸡蛋清	重氮试剂	20% 氢氧化钠溶液	现象
1	4	—	—	8	2	
2	—	4	—	8	2	
3	—	—	4	8	2	

【注意事项】

稀释后的鸡蛋清反应效果不佳。

七、醋酸铅反应及亚硝基铁氰化钠反应

【实验原理】

蛋白质分子中常含有半胱氨酸和胱氨酸，含硫蛋白质在强碱条件下，可分解形成硫化钠。硫化钠与醋酸铅反应生成黑色的硫化铅沉淀。若加入浓盐酸，就生成有臭味的硫

化氢气体(蛋氨酸对强碱稳定,不发生此反应)。反应式如下:

$$R—SH+2NaOH \longrightarrow R—OH+Na_2S+H_2O$$

$$Na_2S + Pb^{2+} \longrightarrow PbS\downarrow + 2Na^+$$

$$PbS + 2HCl \longrightarrow PbCl_2 + H_2S\uparrow$$

含有—SH 的半胱氨酸与亚硝基铁氰化钠反应形成玫瑰色物质。反应式如下:

$$[Fe(CN)_5NO]^{2-} + SH^- \longrightarrow [Fe(CN)_5NO\ SH]^{3-}$$

$$[Fe(CN)_5NO\ SH]^{3-} + OH^- \longrightarrow [Fe(CN)_5NO\ S]^{4-} + H_2O$$

【实验试剂及配制】

1. 蛋白质溶液

鸡蛋清:水=1:1。

2. 0.3%半胱氨酸溶液
3. 10%氢氧化钠溶液
4. 浓盐酸
5. 0.5%醋酸铅溶液
6. 5%亚硝基铁氰化钠溶液(有毒!)
7. 醋酸铅试纸

用10%醋酸铅水溶液浸泡滤纸条后晾干。

【实验器材】

试管架及试管;试管夹;酒精灯;滴管;点滴板。

【实验操作】

1. 向试管中加入0.5%醋酸铅溶液1 mL,再加10%氢氧化钠溶液至产生的沉淀完全溶解为止。摇匀。加入被水稀释一倍的鸡蛋清0.4 mL。混匀,小心加热,至溶液变黑后,加入浓盐酸数滴,嗅其气味,并将湿润醋酸铅试纸置于管口,观察其颜色的变化。

2. 将1滴0.3%半胱氨酸溶液滴在点滴板的凹穴中,加10%氢氧化钠溶液3滴,再加1滴5%亚硝基铁氰化钠溶液,观察玫瑰红颜色的出现(此颜色不稳定,很快消失)。

【注意事项】

亚硝基铁氰化钠溶液有毒,操作时应小心。

【思考题】

1. 茚三酮与氨基酸反应的正反应结果是否经常是相同的颜色?若不是,为什么?
2. 在黄色反应中,为什么呈现出深浅不一的黄色?
3. 坂口反应中,呈正反应的氨基酸有哪些?
4. 什么样的蛋白质可以发生偶氮反应?
5. 什么样的蛋白质可以发生醋酸铅反应?

实验十一　蛋白质的等电点测定和沉淀反应

【实验目的】

1. 了解蛋白质的两性解离性质。
2. 学习测定蛋白质等电点的一种方法。
3. 加深对蛋白质胶体溶液稳定因素的认识。
4. 了解沉淀蛋白质的几种方法及其实用意义。
5. 了解蛋白质变性与沉淀的关系。

一、蛋白质等电点的测定

【实验原理】

蛋白质是两性电解质，在蛋白质溶液中存在下列平衡：

$$P\begin{matrix}COOH\\NH_2\end{matrix}$$

蛋白质分子

$$\updownarrow$$

$$\underset{\substack{\text{阴离子}\\pH>pI}}{P\begin{matrix}COO^-\\NH_2\end{matrix}} \underset{+OH^-}{\overset{+H^+}{\rightleftharpoons}} \underset{\substack{\text{兼性离子}\\pH=pI}}{P\begin{matrix}COO^-\\NH_3^+\end{matrix}} \underset{+OH^-}{\overset{+H^+}{\rightleftharpoons}} \underset{\substack{\text{阳离子}\\pH<pI}}{P\begin{matrix}COOH\\NH_3^+\end{matrix}}$$

蛋白质分子的解离状态和解离程度受溶液的酸碱度的影响。当溶液的 pH 达到一定的数值时，蛋白质颗粒上正、负电荷的数目相等。在电场中，蛋白质既不向阴极移动，也不向阳极移动，此时溶液的 pH 称为此种蛋白质的等电点。不同的蛋白质各有其特异的等电点。在等电点时，蛋白质的理化性质都有变化，可利用此种性质的变化测定各种蛋白质的等电点。最常用的方法是测其溶解度最低时的 pH。

本实验通过观察酪蛋白在不同 pH 溶液中的溶解度以测定其等电点。用醋酸与醋酸钠(醋酸钠混合在酪蛋白溶液中)配制成各种不同 pH 的缓冲液。向各缓冲液中加入酪蛋白后，沉淀出现最多的缓冲液的 pH 即为酪蛋白的等电点。

【实验试剂及配制】

1. 0.4%酪蛋白醋酸钠溶液 200 mL

取 0.4 g 酪蛋白，加少量水在乳钵中仔细地研磨，将所得的蛋白质悬胶液移入 200 mL 锥形瓶内，用少量 40 ℃～50 ℃的温水洗涤乳钵，将洗涤液也移入锥形瓶内。加入 10 mL 1 mol · L^{-1}醋酸钠溶液。把锥形瓶放入 50 ℃水浴中，并小心地旋转锥形瓶，直到酪蛋白完全溶解为止。将锥形瓶内的溶液全部移至 100 mL 容量瓶内，加水至刻度，塞紧玻璃塞，混匀。

2. 1.00 $mol \cdot L^{-1}$醋酸溶液 100 mL

3. 0.10 $mol \cdot L^{-1}$醋酸溶液 100 mL

4. 0.01 $mol \cdot L^{-1}$醋酸溶液 50 mL

【实验器材】

恒温水浴器；温度计；200 mL 锥形瓶；100 mL 容量瓶；吸管；试管；试管架；乳钵。

【实验操作】

1. 取同样规格的试管 4 支，按表 3-9 所示顺序分别精确地加入各试剂，然后混匀。

表 3-9 蛋白质等电点测定操作步骤

管号 \ 试剂/mL	蒸馏水	0.01 $mol \cdot L^{-1}$ 醋酸	0.10 $mol \cdot L^{-1}$ 醋酸	1.00 $mol \cdot L^{-1}$ 醋酸
1	8.4	0.6	—	—
2	8.7	—	0.3	—
3	8.0	—	1.0	—
4	7.4	—	—	1.6

2. 向以上试管中各加酪蛋白的醋酸钠溶液 1 mL，每加一管后要立即摇匀。此时 1,2,3,4 管的 pH 依次为 5.9,5.3,4.7,3.5。观察其浑浊度。静置 10 min 后，再观察其浑浊度。最浑浊的一管的 pH 即为酪蛋白的等电点。

【注意事项】

本实验中，要求各种试剂的浓度和加入量相当准确。

二、蛋白质的沉淀及变性

【实验原理】

在水溶液中的蛋白质分子由于表面形成水化层和双电层而成为稳定的亲水胶体颗粒，在一定的理化因素影响下，蛋白质颗粒可因失去电荷和脱水而沉淀。

蛋白质的沉淀反应可分为两类。

1. 可逆的沉淀反应

此时蛋白质分子的结构尚未发生显著变化，除去引起沉淀的因素后，蛋白质的沉淀仍能溶解于原来的溶剂中，并保持其天然性质而不变性。比如大多数蛋白质的盐析作用，或在低温下用乙醇(或丙酮)短时间作用于蛋白质。提纯蛋白质时，常用此类反应。

2. 不可逆的沉淀反应

此时蛋白质分子内部结构发生重大改变，蛋白质常变性而沉淀，不再溶于原来的溶剂中。加热引起的蛋白质沉淀与凝固、蛋白质与重金属离子或某些有机酸的反应都属于此类。

蛋白质变性后，有时由于维持溶液稳定的条件(如电荷)仍然存在，并不析出。因此变性蛋白质并不一定都表现为沉淀，而沉淀的蛋白质也未必都已变性。

【实验试剂及配制】

1. 蛋白质溶液 500 mL

5%卵清蛋白溶液或蛋清的水溶液(新鲜蛋清∶水=1∶9)。

2. pH 4.7 醋酸-醋酸钠缓冲溶液 100 mL

3. 3%硝酸银溶液 10 mL

4. 5%三氯乙酸溶液 50 mL

5. 95%乙醇 250 mL

6. 饱和硫酸铵溶液 250 mL

7. 硫酸铵结晶粉末 1 000 g

8. 0.1 $mol \cdot L^{-1}$盐酸溶液 300 mL

9. 0.1 $mol \cdot L^{-1}$氢氧化钠溶液 100 mL

10. 0.1 $mol \cdot L^{-1}$碳酸钠溶液 100 mL

11. 0.1 $mol \cdot L^{-1}$醋酸溶液 20 mL

12. 甲基红溶液 150 mL

13. 2%氯化钡溶液

【实验器材】

恒温水浴器;吸管;试管;试管架。

【实验操作】

1. 蛋白质的盐析

无机盐(硫酸铵、硫酸钠、氯化钠等)浓溶液能析出蛋白质。盐的浓度不同,析出的蛋白质也不同。

如球蛋白可在半饱和硫酸铵溶液中析出,而清蛋白则在饱和硫酸铵溶液中才能析出。

由盐析获得的蛋白质沉淀,当降低其盐类浓度的时候,又能再溶解,故蛋白质的盐析作用是可逆过程。

加 5%卵清蛋白溶液 5 mL 于试管中,再加等量的饱和硫酸铵溶液,混匀后静置数分钟则析出球蛋白的沉淀,倒出少量混浊沉淀,加入少量的水,沉淀是否溶解?为什么?将试管内容物过滤,向滤液中添加硫酸铵粉末到不再溶解为止,此时析出的沉淀为清蛋白。

取出部分清蛋白,加少量蒸馏水,观察沉淀的再溶解过程。

2. 重金属离子沉淀蛋白质

重金属离子与蛋白质结合成不溶于水的复合物。

取一支试管,加入蛋白质溶液 2 mL,再加入 3%硝酸银溶液 1 滴~2 滴,振荡试管,有沉淀产生。放置片刻,倾出上清液,向沉淀中加入少量的水,沉淀是否溶解?为什么?

3. 某些有机酸沉淀蛋白质

取一支试管,加入蛋白质溶液 2 mL,再加入 5%三氯乙酸溶液 1 mL ,振荡试管,观察沉淀的生成。放置片刻,倾出上清液,向沉淀中加入少量的水,沉淀是否溶解?

4. 有机溶剂沉淀蛋白质

取一支试管,加入蛋白质溶液 2 mL,再加入 95%乙醇 2 mL 。混匀,观察沉淀的生成。

5. 乙醇引起的蛋白质沉淀与变性

取同样规格的试管 3 支,按表 3-10 所示顺序加入各试剂。

表 3-10　乙醇引起蛋白质的沉淀及变性实验操作步骤

试剂/mL 管号	5%卵清蛋白溶液	0.1 mol·L^{-1}氢氧化钠溶液	0.1 mol·L^{-1}盐酸溶液	95%乙醇	pH 4.7 醋酸-醋酸钠缓冲液
1	1	—	—	1	1
2	1	1	—	1	—
3	1	—	1	1	—

振摇混匀后，观察各管有何变化。放置片刻，向各管内加水 8 mL，然后在第 2，3 号管中各加 1 滴甲基红，再分别用 0.1 mol·L^{-1}醋酸溶液及 0.1 mol·L^{-1}碳酸钠溶液中和。观察各管颜色的变化和沉淀的生成。每管再加 0.1 mol·L^{-1}盐酸溶液数滴，观察沉淀的再溶解。解释各管发生的全部现象。

【注意事项】

1. 做蛋白质盐析实验时，应先加蛋白质溶液，后加饱和硫酸铵溶液。
2. 固体硫酸铵若加至过饱和则有结晶析出，勿将其与蛋白质沉淀混淆。

【思考题】

1. 为什么鸡蛋清可用作铅中毒或汞中毒的解毒剂？
2. 在等电点时，蛋白质的溶解度为什么最低？
3. 使用硫酸铵沉淀蛋白质时不可过量，否则会引起沉淀再溶解，为什么？

实验十二　总氮量的测定——凯氏(Kjeldahl)定氮法

【实验目的】

学习凯氏定氮法的原理和操作技术。

【实验原理】

常用凯氏定氮法测定天然有机物(如蛋白质、核酸及氨基酸等)的含氮量。

含氮的有机物与浓硫酸共热时，其中的碳、氢两元素被氧化成二氧化碳和水，而氮则转变成氨，并进一步与硫酸作用生成硫酸铵。此过程通常称为“消化”。

但是，这个反应进行得比较缓慢，通常需要加入硫酸钾或硫酸钠以提高反应液的沸点，并加入硫酸铜作为催化剂，以促进反应的进行。如甘氨酸的消化过程可表示如下：

$$CH_2NH_2COOH + 3H_2SO_4 \longrightarrow 2CO_2 + 3SO_2 + 4H_2O + NH_3$$

$$2NH_3 + H_2SO_4 \longrightarrow (NH_4)_2SO_4$$

浓碱可使消化液中的硫酸铵分解，游离出氨，借水蒸气将产生的氨蒸馏到一定量、一定浓度的硼酸溶液中。硼酸吸收氨后，溶液中氢离子浓度降低。然后用标准无机酸滴定，直至恢复溶液中原来氢离子浓度为止。最后根据所用标准酸的摩尔数(相当于待测物中氨的摩尔数)计算出待测物中的总氮量。

【实验试剂及配制】

1. 消化液 200 mL

过氧化氢、浓硫酸和水按 3∶2∶1 混合。

2. 粉末硫酸钾-硫酸铜混合物 16 g(催化剂)

K_2SO_4 与 $CuSO_4 \cdot 5H_2O$ 以 3∶1 配比研磨混合。

3. 30%氢氧化钠溶液 1 000 mL

4. 2%硼酸溶液 500 mL

5. 标准盐酸溶液(0.01 $mol \cdot L^{-1}$) 600 mL

6. 混合指示剂 50 mL

由 0.1%甲烯蓝乙醇溶液 50 mL 与 0.1%甲基红乙醇溶液 200 mL 混合配成，贮于棕色瓶中备用。本指示剂在 pH 5.2 时为紫红色；在 pH 5.4 时为暗蓝色(或灰色)；在 pH 5.6 时为绿色，变色点 pH 为 5.4，所以指示剂的变色范围很窄，极其灵敏。

7. 市售标准面粉或富强粉

【实验器材】

100 mL 凯氏烧瓶；凯氏定氮蒸馏装置；50 mL 容量瓶；3 mL 微量滴定管；分析天平；烘箱；电炉；1 000 mL 蒸馏烧瓶；小玻璃珠。

【实验操作】

1. 凯氏定氮仪的构造和安装

(1) 传统型凯氏定氮装置

凯氏定氮仪由蒸汽发生器、反应管及冷凝器三部分组成(如图 3-4 所示)。

蒸汽发生器包括电炉(1)及 1 个 1 L～2 L 容积的烧瓶(2)。蒸汽发生器借橡皮管(3)与反应管相连。反应管上端有一个玻璃杯(4)，样品和碱液可由此加入反应室(5)中，反

应室中心有一玻璃管，其上端通过反应室外层(6)与蒸汽发生器相连，下端靠近反应室的底部。反应室外层下端有一开口，上有一皮管夹(7)，由此可放出冷凝水及反应废液。反应产生的氨可通过反应室上端的弯细管及冷凝器(8)通到吸收瓶(9)中，反应管及冷凝器之间用磨口(10)连接起来，防止漏气。

安装仪器时，先将冷凝器垂直地固定在铁架台上，冷凝器下端不要距离实验台太近，以免放不下吸收瓶。然后将反应管通过磨口(10)与冷凝器相连，根据仪器本身的角度将反应管固定在另一铁架台上。这一点务必注意，否则容易引起氨的散出及反应室上端弯管折断。然后将蒸汽发生器放在电炉上，并用橡皮管把蒸汽发生器与反应管连接起来，安装完毕后，不得轻易移动，以免仪器损坏。

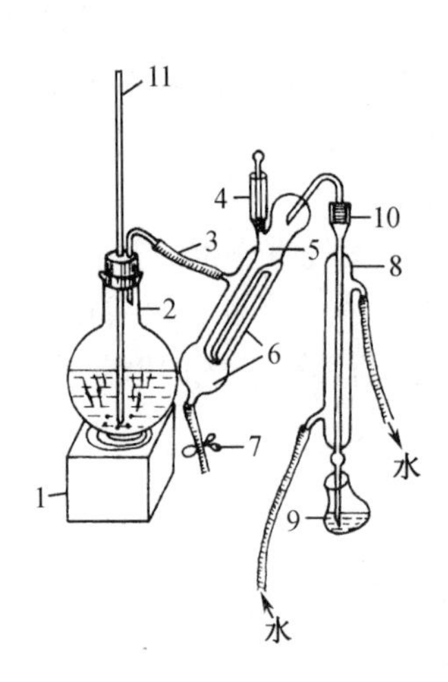

图 3-4　微量凯氏定氮装置

1. 电炉　2. 烧瓶　3. 橡皮管　4. 玻璃杯　5. 反应室　6. 反应室外层　7. 皮管夹　8. 冷凝器　9. 吸收瓶　10. 磨口　11. 长玻璃管

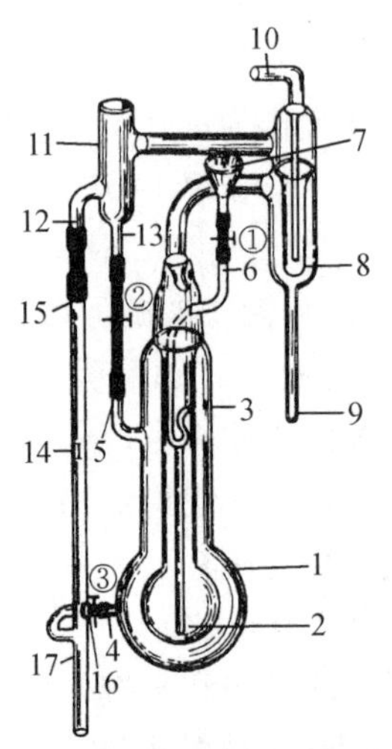

图 3-5　改进型凯氏定氮装置

1. 蒸汽发生器　2. 反应室　3. 蒸汽排气孔　4. 排水排气孔　5. 外源水入口　6. 进样口　7. 加样漏斗　8. 冷凝器　9. 冷凝器出口　10. 自来水入口　11. 通气室　12,13. 通气室出口　14. 排水柱　15,16. 排水柱入口　17. 冷凝水和废水出口　①,②,③. 皮管夹

(2) 改进型凯氏定氮装置

现在已经有在传统型凯氏定氮装置的结构基础上改装而成的改进型凯氏定氮装置。其特点是将蒸汽发生器、蒸馏器和冷凝器组成一个整体(如图 3-5 所示)。其体积小，安装容易，操作简便。

安装时，先固定立体部分于支架上，底部放上电炉。然后将(5)与(13)、(4)与(16)、(12)与(15)、(6)与(7)用橡皮管相连，并放上皮管夹。最后用长橡皮管分别连接进水口(10)和出水口(17)。

2. 样品处理

某一固体样品中的含氮量是用 100 g 该物质(干重)中所含氮的克数来表示的。因此在定氮前，应先将固体样品中的水分除掉。一般样品烘干的温度都采用105 ℃，因为非游离的水都不能在 100 ℃以下烘干。

在称量瓶中称入一定量磨细的样品，然后置于 105 ℃的烘箱内干燥 4 h。用坩埚钳将称量瓶放入干燥器内，待降至室温后称重，按上述操作继续烘干样品。每干燥 1 h后，称重一次，直到两次称量数值不变，即达恒重。若样品为液体(如血清等)，可取一定体积样品直接消化测定。

精确称取 0.1 g 左右的干燥面粉作为本实验的样品。

3. 消化

取 4 个 100 mL 凯氏烧瓶并标号。各加 1 颗玻璃珠，在 1 及 2 号瓶中各加样品0.1 g，催化剂 200 mg，消化液 5 mL，注意加样品时应直接送入瓶底，而不要沾在瓶口和瓶颈上。在 3 及 4 号瓶中各加 0.1 mL 蒸馏水和与 1 及 2 号瓶相同量的催化剂和消化液，作为对照，用以测定试剂中可能含有的微量含氮物质。每个瓶口放一漏斗，在通风橱内的电炉上消化。

在消化开始时应控制火力，不要使液体冲到瓶颈。待瓶内水汽蒸完，硫酸开始分解并放出 SO_2 白烟后，适当加强火力，继续消化，直至消化液呈透明淡绿色为止。消化完毕，等烧瓶内容物冷却后，加蒸馏水 10 mL(注意慢加，随加随摇)。冷却后将烧瓶内容物倾入 50 mL 的容量瓶中，并以蒸馏水洗烧瓶数次，将洗液并入容量瓶，用水稀释到刻度，混匀备用。

4. 蒸馏

(1) 蒸馏器的洗涤

蒸汽发生器中盛有几滴用硫酸酸化的蒸馏水。关闭皮管夹(7)，将蒸汽发生器中的水烧开，让蒸汽通过整个仪器。约 15 min 后，在冷凝器下端放一个盛有 2%硼酸溶液 5 mL和指示剂混合液 1 滴～2 滴的锥形瓶(9)。位置倾斜如图 3-4 所示。冷凝器下端应完全浸没在液体中，继续蒸汽洗涤 1 min～2 min，观察锥形瓶内的溶液是否变色，如不变色则证明蒸馏装置内部已洗涤干净。向下移动锥形瓶，使硼酸液面离开冷凝管口约 1 cm 继续通蒸汽 1 min。最后用蒸馏水冲洗冷凝管口，然后用手捏紧橡皮管(3)，由于反应室外层蒸汽冷缩，压力降低，反应室内凝结的水可自动吸出进入(6)，打开皮管夹(7)，将废水排出。

(2) 蒸馏

取 50 mL 锥形瓶数个，各加硼酸 5 mL 和指示剂 1 滴～2 滴，溶液呈紫色，用表面皿盖好备用。

用吸管取 10 mL 消化液，细心地由小玻璃杯(4)注入反应室(5)，塞紧棒状玻璃塞。将一个含有硼酸指示剂的锥形瓶放在冷凝器下，使冷凝器下端浸没在液体内。

用量筒取 30%的氢氧化钠溶液 10 mL 放入小玻璃杯(4)，轻提棒状玻璃塞使之流入反应室(5)(为了防止冷凝管倒吸，液体流入反应室必须缓慢)。尚未完全流入时，将玻璃塞盖紧，向玻璃杯中加入蒸馏水约 5 mL。再轻提玻璃塞，使一半蒸馏水慢慢流入反应室，一半留在玻璃杯中作水封。加热蒸汽发生器，沸腾后夹紧夹子(7)开始蒸馏。此时锥形瓶中的硼酸溶液由紫色变成绿色。自变色时计时，蒸馏3 min～5 min。移动锥形瓶使硼酸液面离开冷凝管约 1 cm 并用少量蒸馏水洗涤冷凝管口外侧。继续蒸馏 1 min，移开锥形瓶，用表面皿覆盖锥形瓶瓶口。

蒸馏完毕后，须将反应室洗涤干净。在小玻璃杯中倒入蒸馏水，待蒸汽很足、反应室外层(6)温度很高时，一手轻提棒状玻璃塞使冷水流入反应室，同时立即用另一只手捏紧橡皮管(3)，则反应室外层(6)内蒸汽冷缩，可将反应室(5)中残液自动吸出，再用蒸馏水

自玻璃杯(4)倒入反应室(5),重复上述操作。如此冲洗几次后,将皮管夹(7)打开,将反应室(5)中废液排出。再继续下一个蒸馏操作。

待样品和空白消化液均蒸馏完毕后,同时进行滴定。

5. 滴定

全部蒸馏完毕后,用标准盐酸溶液滴定各锥形瓶中收集的氨的量,硼酸指示剂溶液由绿色变淡紫色为滴定终点。

6. 计算

$$总氮量=\frac{c(V_1-V_2)\times 0.014}{m}\times\frac{消化液总量/mL}{滴定时消化液用量/mL}\times 100\%$$

式中:c 为标准盐酸溶液的浓度,$mol \cdot L^{-1}$;V_1 为滴定样品用去的盐酸溶液平均毫升数,mL;V_2 为滴定空白消化液用去的盐酸溶液平均毫升数,mL;m 为样品质量,g;0.014 为1.0 $mol \cdot L^{-1}$盐酸标准滴定溶液 1.0 mL 相当的氮的质量,g。

若测定的样品含氮部分只是蛋白质,则:

$$样品中蛋白质含量(g/100\ g干重)=总氮量\times 6.25$$

若样品中除有蛋白质外,尚有其他含氮物质,则需向样品中加入三氯乙酸,然后测定未加三氯乙酸的样品及加入三氯乙酸后样品上清液中的含氮量,得出非蛋白氮及总氮量,从而计算出蛋白氮,再进一步算出蛋白质含量。

$$蛋白氮=总氮-非蛋白氮$$

$$蛋白质含量(g/100\ g干重)=蛋白氮\times 6.25$$

附:用改进型凯式定氮仪测定氮

1. "样品处理"及"消化"见前述实验步骤

2. 蒸馏

(1) 蒸馏器的洗涤

仪器应先经一般洗涤,再经蒸汽洗涤。

用自来水从自来水入口(10)处进入通气室(11),从冷凝水和废水出口(17)流出。打开②处皮管夹,使水进入蒸汽发生器(1),从加样漏斗(7)处加蒸馏水约10 mL入反应室(2)。夹紧皮管夹①或用拇指按紧加样漏斗(7)口,同时放开皮管夹③,则反应室(2)中的蒸馏水先从Y形管口冲出,进入蒸汽发生器(1),再经冷凝水和废水出口(17)流出。一般情况下如此重复洗涤 2~3 次即可。

清洗后,经加样漏斗(7)加入一定量蒸馏水,不加样品蒸馏数分钟,同时在冷凝器出口放一盛有 2%硼酸 5 mL 和指示剂 1 滴~2 滴的混合液,如不变色则表明蒸馏器的内部已洗涤干净。

(2) 蒸馏

① 取 50 mL 锥形瓶 4 个,各准确加入 2%硼酸溶液 5 mL 和指示剂 1 滴~2 滴,溶液呈淡紫色。用表面皿覆盖备用。

② 关闭冷凝水,打开皮管夹①与②,使蒸汽发生器与大气相通。将一个盛有硼酸和指示剂混合液的锥形瓶放在冷凝器出口(9)的下面,并使出口下端浸没在液体内。

③ 用移液管取消化液 5 mL,由加样漏斗(7)慢慢加入反应室(2),随后加 30%

NaOH 溶液 5 mL,关闭皮管夹①与②,并在加样漏斗中加少量蒸馏水作水封。

④ 打开冷凝水,并慢慢打开皮管夹②,使冷凝水进入蒸汽发生器,水放至淹没反应室(2)小部分球部即可。

⑤ 用恒定火力加热蒸馏,注意蒸汽发生器内的沸腾不可高于 Y 形管口,以免蒸汽发生器内的溶液从 Y 形管倒吸。待第一滴蒸馏液从冷凝器(8)底部滴下时起,继续蒸馏约 2 min～3 min,即观察到锥形瓶中的溶液由紫变绿时,开始计时,蒸馏3 min,稍移开锥形瓶使冷凝器出口下端(9)离开液面约 1 cm,同时用少量蒸馏水洗涤冷凝器出口下端外侧,继续蒸馏 1 min,取下锥形瓶,用表面皿覆盖。

⑥ 蒸馏完毕后,立即按前述方法清洗反应室,继续下一次蒸馏。

3. "滴定"与"计算"见前述实验步骤

待样品和空白消化液均蒸馏完毕后,同时进行滴定并计算。

【注意事项】

1. 必须仔细检查凯氏定氮仪的各个连接处,保证不漏气。

2. 凯氏定氮仪必须事先反复清洗,保证洁净。

3. 小心加样,切勿使样品污染凯氏烧瓶口部、颈部。

4. 使用消化架消化时,必须斜放凯氏烧瓶(倾斜 45°左右)。火力先小后大,避免黑色消化物溅到瓶口、瓶颈壁上,否则会影响测定结果。

5. 蒸馏时,小心、准确地加入消化液。蒸馏时切忌火力不稳,否则将发生倒吸现象。

6. 滴定前,仔细检查滴定管是否洁净,是否漏液。

7. 蒸馏后应及时清洗蒸馏仪,并把各部分连接处的乳胶管取下,以防其老化后粘在玻璃上。

8. 实验中添加硫酸铜-硫酸钾混合物的作用是促进消化,但用量不宜过多,否则消化液的温度过高,使生成的硫酸铵分解,影响含量测定。

9. 消化时应先加固体后加液体,样品加至管底,切勿沾于管壁,防止消化不完全。

10. 消化完毕,切忌用湿布取出消化管,以防管子炸裂发生事故。

【思考题】

1. 在消化蛋白质样品时,为什么加入浓硫酸、硫酸钾及硫酸铜粉末?

2. 本实验操作的关键有哪些?

实验十三　从牛奶中提取酪蛋白

【实验目的】

1. 学习从牛奶中分离制备酪蛋白的原理和方法。

2. 掌握等电点沉淀法提取蛋白质的方法。

【实验原理】

一种蛋白质混合液，如果需将所要的蛋白质从其中与其他杂蛋白分离开来，可根据这种蛋白质与其他杂蛋白理化性质的差异，用适当的方法将其从中分离出来。一般常用的分离方法（粗分级）有等电点法、盐析法、有机溶剂的分级沉淀法等。这些方法简便，处理量大，能除去大量的杂蛋白，又能浓缩蛋白质溶液。

牛奶中的主要蛋白质是酪蛋白，含量约为 35 $g \cdot L^{-1}$。酪蛋白是一些含磷蛋白质的混合物，等电点为 4.7，且不溶于乙醇。利用蛋白质在等电点时溶解度最低的原理，将牛奶的 pH 调至 4.7 时，酪蛋白就能沉淀出来。用乙醇、无水乙醚洗涤沉淀物，除去脂类等杂质后便可得到较纯的酪蛋白。

【实验试剂及配制】

1. 实验材料

纯鲜牛奶。

2. 实验试剂

(1) 0.2 $mol \cdot L^{-1}$醋酸-醋酸钠缓冲液（pH 4.7）。

(2) 95%乙醇。

(3) 无水乙醚。

(4) 乙醇-乙醚混合液（1∶1，V/V）。

【实验器材】

离心机；精密 pH 试纸或酸度计；恒温水浴器（40 ℃）或电炉；100 ℃温度计；抽滤装置；电子天平及托盘天平；烧杯；量筒；吸管；玻棒；表面皿。

【实验操作】

1. 酪蛋白的分离制备

(1) 将 10 mL 牛奶加热到 40 ℃，倒入 50 mL 离心管中，在搅拌下慢慢加入预热到 40 ℃、pH 4.7 的 0.2 $mol \cdot L^{-1}$醋酸-醋酸钠缓冲液 10 mL。用 pH 试纸或酸度计检验，混合物的最后 pH 应是 4.7。

(2) 将上述悬浮液冷却至室温，离心 5 min（5 000 $r \cdot min^{-1}$）。弃去上清液，得酪蛋白粗制品（沉淀物）。

(3) 用水洗沉淀 2 次：向沉淀中加入 20 mL 左右的水（用玻棒将沉淀充分搅碎），离心 5 min（5 000 $r \cdot min^{-1}$），弃去上清液。

(4) 用乙醇、无水乙醚洗涤沉淀：在沉淀中加入 20 mL 95%乙醇，搅拌片刻（尽可能充分地把沉淀打碎），将全部悬浊液转移至布氏漏斗中抽滤。用乙醇-乙醚混合液洗沉淀 2 次，最后用无水乙醚洗沉淀 2 次，抽干。

(5) 将沉淀摊开在表面皿上，风干得酪蛋白纯品。

2. 计算酪蛋白的质量浓度和收得率

准确称量从牛奶中分离出的酪蛋白纯品。

(1) 计算酪蛋白实际的质量浓度

实际质量浓度以 1 L 牛奶中酪蛋白的质量(g)表示。

(2) 计算收得率

$$酪蛋白收得率/\% = \frac{酪蛋白实际质量浓度}{酪蛋白理论质量浓度} \times 100\%$$

式中:牛奶中酪蛋白的理论质量浓度为 $35\ g \cdot L^{-1}$。

【注意事项】

1. 牛奶与缓冲液要预热,缓冲液要缓加缓搅。

2. 由于本法是应用等电点沉淀法来制备蛋白质,故调节牛奶液的等电点一定要准确,最好用酸度计测定。

3. 精制过程所用乙醚是具有易挥发性、有毒的有机溶剂,该步骤最好在通风橱内操作。

4. 目前市面上出售的牛奶是经加工的奶制品,不是纯净牛奶,所以计算时应按产品的相应指标计算。

【思考题】

1. 夏天,鲜牛奶如果不煮沸,放置在室温下一段时间就会有酸味,同时有白色的絮状物或沉淀出现,这是什么原因?

2. 做好本实验的关键是什么?

3. 制备高产率纯酪蛋白的关键是什么?

4. 试设计另一种提取酪蛋白的方法。

实验十四　双缩脲法测定蛋白质浓度

【实验目的】

1. 了解双缩脲法测定蛋白质浓度的基本原理。
2. 熟悉双缩脲法测定蛋白质浓度的实验操作方法。

【实验原理】

具有两个或两个以上肽键的化合物皆有双缩脲反应。在碱性溶液中双缩脲与铜离子结合形成复杂的紫红色复合物，而蛋白质及多肽的肽键与双缩脲的结构类似，也能与铜离子在碱性环境中形成紫红色复合物，其最大光吸收在 540 nm 处。在一定浓度范围内，蛋白质浓度与双缩脲反应所呈颜色深浅成正比，可用比色法定量测定。

```
      |                     |
    O=C                     C=O
        \                  /
        NH    H2O     HN
       /      :         \
  R—CH    .   Cu2+   .   CH—R
     |     .    :   .     |
   O=C   .     :     .   C=O
      \ .   H2O        NH
       M+                \
      /                   CH—R
  R—CH                     |
     |
```

【实验试剂及配制】

1. 双缩脲试剂

取 1.5 g 硫酸铜($CuSO_4 \cdot 5H_2O$)和 6.0 g 酒石酸钾钠($NaKC_4H_4O_6 \cdot 4H_2O$)溶于 500 mL 蒸馏水中，搅拌加入 300 mL 10% NaOH 溶液(可另加 1 g KI 以防止 Cu^{2+} 自动还原成一价氧化亚铜沉淀)，用水释至 1 000 mL。此试剂可长期保存。若有黑色沉淀产生需重配。

2. 标准蛋白溶液

10 $mg \cdot mL^{-1}$的酪蛋白溶液可用 0.9% NaCl 溶液配制。

3. 待测样品液

可用酪蛋白配制。

【实验器材】

1 000 mL 容量瓶；试管及试管架；吸管；分光光度计。

【实验操作】

1. 标准曲线的绘制

将 6 支试管编号，按表 3-11 加入试剂。

表 3-11　双缩脲法测定蛋白质浓度标准曲线绘制操作步骤

加入物	加入量/mL					
	0	1	2	3	4	5
标准液	—	0.2	0.4	0.6	0.8	1.0
蒸馏水	1.0	0.8	0.6	0.4	0.2	—
双缩脲试剂	4.0	4.0	4.0	4.0	4.0	4.0

室温下振荡均匀，用分光光度计于 540 nm 波长下测定各管吸光度。以光密度为纵坐标、蛋白质浓度为横坐标，用坐标纸绘制标准曲线。

2. 样品液测定

取 2 支试管，按表 3-12 操作。

表 3-12　样液测定操作步骤

加入物	加入量/mL	
	空白管	测定管
样品液	—	0.5
蒸馏水	0.5	—
双缩脲试剂	4.0	4.0

充分混匀，用分光光度计于 540 nm 波长下测定其吸光度。

3. 对照标准曲线求出样品液蛋白质浓度

【注意事项】

1. 须于显色后 30 min 内比色测定。30 min 后，可有雾状沉淀发生。各管由显色到比色的时间应尽可能一致。

2. 有大量脂肪性物质同时存在时，会产生使溶液浑浊的反应混合物，这时可用乙醇或石油醚使溶液澄清后离心，取上清液再测定。

【思考题】

1. 干扰本实验的因素有哪些？

2. 双缩脲法有何特点？

实验十五　Folin-酚试剂法测定蛋白质浓度

【实验目的】

学习 Folin-酚法测定蛋白质浓度的原理和方法。

【实验原理】

蛋白质(或多肽)分子中含有酪氨酸或色氨酸，能与 Folin-酚试剂起氧化还原反应，生成蓝色的深浅与蛋白质浓度成正比，可用比色法测定蛋白质浓度。

【实验试剂及配制】

1. 蛋白质及其水解产物

2. Folin-酚试剂 A

将 10 g Na_2CO_3、2 g NaOH 和 0.25 g 酒石酸钾钠($NaKC_4H_4O_6 \cdot 4H_2O$)溶解后，用蒸馏水定容至500 mL。另将 0.5 g 硫酸铜($CuSO_4 \cdot 5H_2O$)溶解后用蒸馏水定容至 100 mL。将前者 50 mL 与硫酸铜试剂 1 mL 混合，混合后的溶液一日内有效。

3. Folin-酚试剂 B

将 100 g 钨酸钠($Na_2WO_4 \cdot 2H_2O$)、25 g 钼酸钠($Na_2MoO_4 \cdot 2H_2O$)、700 mL 蒸馏水、50 mL 85%磷酸及 100 mL 浓盐酸置于 1 500 mL 磨口圆底烧瓶中，充分混匀后，接上磨口冷凝管，回馏 10 h。再加入硫酸锂 150 g、蒸馏水 50 mL 及液溴数滴，开口煮沸 15 min，驱除过量的溴(在通风橱内进行)，冷却，稀释至 1 000 mL，过滤，滤液呈微绿，储于棕色瓶中。临用前，用标准氢氧化钠溶液滴定，用酚酞作指示剂(由于试剂微绿，影响滴定终点的观察，可将试剂稀释 100 倍再滴定)，根据滴定结果，将试剂稀释至相当于 1 mL·L^{-1}酸(稀释 1 倍左右)。

4. 酪蛋白溶液

配制的含 2 mg·mL^{-1}酪蛋白的溶液准确稀释至 500 μg·mL^{-1}。

【实验器材】

722S 型分光光度计；试管及试管架；吸管。

【实验操作】

1. 标准曲线的绘制

将 7 支干净试管编号，按表 3-13 加入试剂。

表 3-13　Folin-酚法测定蛋白质浓度标准曲线绘制操作步骤

试　剂	0	1	2	3	4	5	6
酪蛋白/mL	0.00	0.05	0.10	0.20	0.30	0.40	0.50
蒸馏水/mL	0.50	0.45	0.40	0.30	0.20	0.10	0.00
Folin-酚试剂 A/mL	4.0	4.0	4.0	4.0	4.0	4.0	4.0

摇匀，室温放置 10 min，各管再加 Folin-酚试剂 B 0.5 mL，30 min 后比色(500 nm)，作吸光度—蛋白质浓度曲线。

2. 样品液测定

准确吸取样液 0.5 mL 置于干净试管内，加入 4 mL Folin-酚试剂 A，10 min 后，再加

Folin-酚试剂 B 0.5 mL，30 min 后比色（500 nm），对照标准曲线求出样品液蛋白质浓度。

【注意事项】

Folin-酚试剂 B 在酸性条件下比较稳定，在加入到碱性的铜离子-蛋白质溶液中时，必须立即混匀，以便在磷钼酸、磷钨酸试剂破坏之前即发生还原反应。

【思考题】

1. 含有何种氨基酸的蛋白质能与 Folin-酚试剂呈蓝色反应？
2. 比较双缩脲法与 Folin-酚法的异同。

实验十六　考马斯亮蓝染色法测定蛋白质浓度

【实验目的】

学会用考马斯亮蓝染色法测定蛋白质浓度。

【实验原理】

考马斯亮蓝能与蛋白质的疏水微区相结合，这种结合具有高敏感性。考马斯亮蓝G250的磷酸溶液呈棕红色，最大吸收峰在465 nm。当它与蛋白质结合形成复合物时呈蓝色，其最大吸收峰改变为595 nm，考马斯亮蓝G250-蛋白质复合物的高消光效应导致了蛋白质定量测定的高敏感度。蛋白质与考马斯亮蓝G250结合在2 min左右的时间内达到平衡，完成反应十分迅速；其结合物在室温下1 h内保持稳定。该法试剂配制简单，操作简便快捷，反应非常灵敏，可测定微克级蛋白质含量，测定蛋白质浓度范围为0 $\mu g \cdot mL^{-1}$～1 000 $\mu g \cdot mL^{-1}$，是一种常用的微量蛋白质快速测定方法。

【实验试剂及配制】

1. 0.9% NaCl溶液

2. 标准蛋白质溶液

牛血清清蛋白(0.1 $mg \cdot mL^{-1}$)。准确称取牛血清清蛋白0.2 g，用0.9% NaCl溶液溶解并稀释至2 000 mL。

3. 染液

考马斯亮蓝G250(0.01%)。称取0.1 g考马斯亮蓝G250溶于50 mL 95%乙醇中，再加入100 mL浓磷酸，然后加蒸馏水定容到1 000 mL。

4. 样品液

取牛血清清蛋白(0.1 $mg \cdot mL^{-1}$)溶液，用0.9%NaCl溶液稀释至一定浓度。

【实验器材】

1.5 cm×15 cm试管(×8)；0.10 mL(×1)，0.50 mL(×2)，2.0 mL (×1)，5.0 mL (×1)吸管；1 000 mL容量瓶(×1)；1 000 mL量筒(×1)；722型分光光度计；电子天平。

【实验操作】

1. 标准曲线的绘制

取7支干净试管，按表3-14进行编号并加入试剂。

混匀，室温静置3 min，以第1管为空白，在波长595 nm处比色，读取吸光度，以吸光度为纵坐标，各标准液浓度($\mu g \cdot mL^{-1}$)为横坐标作图，绘制标准曲线。

表3-14　考马斯亮蓝染色法测定蛋白质浓度标准曲线绘制操作步骤

试剂	管号						
	1(空白)	2	3	4	5	6	7
标准蛋白液/mL	—	0.1	0.2	0.3	0.4	0.6	0.8
0.9% NaCl溶液/mL	1.0	0.9	0.8	0.7	0.6	0.4	0.2
考马斯亮蓝染液/mL	4.0	4.0	4.0	4.0	4.0	4.0	4.0
蛋白质浓度/($\mu g \cdot mL^{-1}$)	0	10	20	30	40	60	80
$A_{595\ nm}$							

2. 样品液测定

另取一支干净试管，加入样品液 1.0 mL 及考马斯亮蓝染液 4.0 mL，混匀，室温静置 3 min，于波长 595 nm 处比色，读取吸光度，由样品液的吸光度查标准曲线即可求出蛋白质含量。

【注意事项】

1. 有些阳离子如 K^+，Na^+，Mg^{2+}，以及 $(NH_4)_2SO_4$ 和乙醇等物质不干扰测定，但大量的去污剂如 Triton X-100，SDS 等严重干扰测定。

2. 蛋白质与考马斯亮蓝 G250 结合的反应十分迅速，在 2 min 左右反应达到平衡；其结合物在室温下 1 h 内保持稳定。因此测定时，不可放置太长时间，否则将使测定结果偏低。

【思考题】

1. 试比较本法和其他各蛋白质定量测定方法的优缺点。

2. 简述考马斯亮蓝染色法测定蛋白质含量的原理。

实验十七　紫外分光光度法测定蛋白质浓度

【实验目的】

1. 学习紫外分光光度计的使用方法。

2. 掌握紫外吸收法测定蛋白质浓度的原理和方法。

【实验原理】

由于蛋白质中存在着含有共轭双键的酪氨酸和色氨酸，因此蛋白质具有吸收紫外光的性质，最大吸收峰在 280 nm 波长处。在此波长范围内，蛋白质溶液的吸光度 $A_{280\ nm}$ 与其浓度成正比关系。利用此特性可对蛋白质溶液浓度作定量测定。

【实验试剂及配制】

1. 牛血清清蛋白标准液

以 0.9% NaCl 作溶剂，配成蛋白质浓度为 1 mg・mL^{-1}。

2. 未知浓度蛋白质溶液

浓度范围在 1.0 mg・mL^{-1}～2.5 mg・mL^{-1}。

【实验器材】

紫外分光光度计；干燥试管；1 mL，2 mL，5 mL 吸管。

【实验操作】

1. 标准曲线的绘制

取 4 支试管，按表 3-15 编号并加入试剂。

表 3-15　紫外吸收法测定蛋白质含量标准曲线绘制操作步骤

试　剂	管　号			
	1	2	3	4
1 mg・mL^{-1} 标准蛋白溶液/mL	0.0	1.0	2.0	4.0
蒸馏水/mL	4.0	3.0	2.0	0.0
形成的蛋白质浓度梯度/(mg・mL^{-1})	0.00	0.25	0.50	1.00
$A_{280\ nm}$				

混匀，用紫外分光光度计测 $A_{280\ nm}$，以吸光度为纵坐标，蛋白质浓度为横坐标作图，绘出标准曲线。

2. 样品液测定

取未知浓度蛋白质溶液 1.0 mL，加蒸馏水 3.0 mL，混匀，测 $A_{280\ nm}$，利用标准曲线算出蛋白质浓度。

【注意事项】

1. 对于测定那些与标准蛋白质溶液中酪氨酸和色氨酸含量差异较大的蛋白质溶液，该法有一定的误差。

2. 若样品中含有嘌呤、嘧啶等吸收紫外光的物质，会出现较大干扰。

【思考题】

本法与其他各蛋白质定量测定方法相比，有哪些优缺点？

实验十八 凝胶层析测定蛋白质的相对分子质量

【实验目的】

1. 学习凝胶过滤法的工作原理和基本操作技术。
2. 学习凝胶过滤法测定蛋白质的相对分子质量。

【实验原理】

凝胶层析可分离不同大小的分子。同一类型的蛋白质分子(如球蛋白类)有其特殊的洗脱曲线,所以可用凝胶层析测定蛋白质的相对分子质量(M_r)。测定时宜在洗脱曲线的直线部分。

【实验试剂】

1. 标准蛋白质

牛血清清蛋白、鸡卵清蛋白、胰凝乳蛋白酶原 A、结晶牛胰岛素等。均要分析纯。

2. 蓝色葡聚糖-2000
3. N-乙酰酪氨酸乙酯(或硫酸铵)
4. 0.025 mol·L^{-1}KCl-0.2 mol·L^{-1}醋酸溶液
5. Sephadex G-75(或 G-100)
6. 蛋白质样品溶液

【实验器材】

分光光度计;恒温水浴器;离心机;层析柱;吸量管;量筒。

【实验操作】

1. 装柱

称取 5 g 葡萄糖凝胶 Sephadex G-75(颗粒直径 40 μm～120 μm)浸泡于 100 mL 0.025 mol·L^{-1} KCl-0.2 mol·L^{-1}醋酸溶液中,于沸水浴中溶胀 3 h。凝胶总体积达 60 mL～75 mL。溶胀后经抽真空,除去凝胶颗粒中的空气。用倾泻法除去细颗粒,然后装进层析柱(1.0 cm×100 cm)。应检查是否有气泡或裂纹,若有,应重新装柱。缓冲液应高于凝胶表面。

2. 内体积和外体积的测定

Sephadex G-75 的吸水量为 7.5,所以计算得内体积 V_i= 5×7.5=37.5(mL)。也可用 N-乙酰酪氨酸乙酯(或硫酸铵)溶液上柱,测定 V_i。

外体积 V_o 可用蓝色葡聚糖-2000 进行测定。

3. 标准曲线的绘制

分别称取 2.5 mg～3.0 mg 牛血清清蛋白(M_r=67 000)、鸡卵清蛋白(M_r=43 000)、胰凝乳蛋白酶原 A(M_r = 25 000)、结晶牛胰岛素(pH 2～pH 6 时为二聚体,M_r = 12 000),共同溶于 1.0 mL～1.5 mL 0.025 mol·L^{-1} KCl-0.2 mol·L^{-1}醋酸溶液中。

打开层析柱出口,放出缓冲液。当缓冲液液面与凝胶表面相平时,加入标准蛋白质混合液。当标准蛋白质混合液全部进入凝胶床表面时,逐渐加入 75 mL 0.025 mol·L^{-1} KCl-0.2 mol·L^{-1}醋酸溶液进行洗脱,流速为 0.3 mL·min^{-1}。用部分收集器收集,每管收 3 mL。各收集液用紫外分光光度计测定 $A_{280\ nm}$。以洗脱液体积为横坐标,$A_{280\ nm}$为

纵坐标，作出洗脱曲线。

根据洗脱曲线，得出各标准蛋白质的洗脱体积(V_e)。

以标准蛋白质相对分子质量的对数($\lg M_r$)为横坐标，V_e 为纵坐标，作出标准曲线。

4. 样品蛋白质相对分子质量的测定

用样品蛋白质代替标准蛋白质，按标准曲线制作的相同条件操作。根据紫外检测的洗脱峰位置，得出洗脱体积。重复测定 1～2 次，取洗脱体积的平均值，可从标准曲线中查得样品蛋白质的相对分子质量。

【注意事项】

1. 凝胶床要均匀，中间要连续，不得有气泡或断纹，表面要平整。
2. 加样不可过多，以免分离不完全。
3. 洗脱速度不可过快，以免区带不清晰。

【思考题】

比较凝胶层析、吸附层析与分配层析在实验原理上的区别。

实验十九 SDS-聚丙烯酰胺凝胶电泳测定蛋白质的相对分子质量

【实验目的】

1. 掌握 SDS-聚丙烯酰胺(SDS -PAGE)凝胶电泳的原理。

2. 学会用这种方法测定蛋白质相对分子质量。

【实验原理】

一个蛋白质混合样品经过聚丙烯酰胺凝胶电泳以后能按其电泳迁移率不同而彼此分开,这是由于各组分所带电荷的差异(电荷效应)和分子大小不同之故。要利用聚丙烯酰胺凝胶电泳测定蛋白质相对分子质量,必须将电荷效应所引起的差异消除或减小到可以忽略不计的程度。这样蛋白质在凝胶上的泳动率则完全取决于相对分子质量。而SDS-聚丙烯酰胺凝胶电泳体系中所含的一定浓度 SDS 就能够消除蛋白质分子之间的电荷差异。

SDS 即十二烷基磺酸钠,是一种阴离子表面活性剂,能破坏蛋白质分子间以及与其他物质分子之间的非共价键,使蛋白质变性而改变原有的空间构象。SDS 能按一定的比例与蛋白质分子结合成带负电荷的复合物,其负电荷远远超过了蛋白质原有的负电荷,因而消除或掩盖了不同种类蛋白质间原有的电荷差异,不同的蛋白质-SDS 复合物都带有相同密度的负电荷,且具有相同的构象。蛋白质-SDS 复合物在电场中的泳动不再受原有电荷和形状的影响,而只与相对分子质量的大小有关。当蛋白质相对分子质量在 11 700～165 000 时,电泳迁移率与相对分子质量的对数成直线关系,可用下式表达:

$$\lg M_r = K - bu$$

式中: M_r 为蛋白质相对分子质量; K 为常数; b 为斜率; u 为迁移率。

SDS -PAGE 有连续和不连续两种方法。两种体系有各自的样品溶解液及缓冲液,但加样方式、电泳过程及固定、染色和脱色方式完全相同。

【实验试剂及配制】

1. 凝胶缓冲液(0.2 mol・L^{-1}磷酸-SDS 缓冲液,pH 7.0)

称取磷酸二氢钠($NaH_2PO_4 \cdot 2H_2O$)8.7g, 磷酸氢二钠($Na_2HPO_4 \cdot 12H_2O$)51.6 g, SDS 2 g,加蒸馏水溶解并定容至 1 000 mL。

2. 凝胶贮备液

丙烯酰胺 22.2 g,双叉丙烯酰胺 0.6 g,用水溶解并定容至 100 mL,贮于棕色瓶中。

3. 过硫酸铵

4. 10%TEMED(四甲基乙二胺)

5. 透析缓冲液(0.01 mol・L^{-1}磷酸缓冲液,pH 7.0)

称取磷酸二氢钠 0.44 g,磷酸氢二钠 2.58 g,用蒸馏水定容到 100 mL(此即 0.1 mol・L^{-1}磷酸缓冲液,pH 7.0)。再在此缓冲液中加 1 g SDS 和 1 mL β-巯基乙醇,用蒸馏水稀释至 1 000 mL 即可。

6. 样品溶解液

取 0.01 mol・L^{-1} 磷酸缓冲液(pH 7.0) 50 mL,加 SDS 0.5 g 及 β-巯基乙醇

0.5 mL即可。用这种溶解液溶解固体正好。若样品为水溶液，则需将样品溶解液的浓度提高一倍，再与等体积的样品混合。

7. 0.5%溴酚蓝溶液

2.5 mg溴酚蓝加0.01 mol·L^{-1} pH 7.0磷酸缓冲液至5 mL。

8. 加样液

10 mL透析缓冲液加1 mL β-巯基乙醇及5 mL甘油、1.5 mL 0.05%溴酚蓝溶液。

9. 染色液

0.25 g考马斯亮蓝R250，溶于45.5 mL甲醇及9.2 mL冰醋酸中，以蒸馏水补足至100 mL。

10. 脱色液

量取50 mL甲醇加入到75 mL冰醋酸中，加蒸馏水至1 L。

11. 电极缓冲液(0.1% SDS，0.1 mol·L^{-1} pH 7.2磷酸盐缓冲液)

称取SDS 1g，加入500 mL 0.2 mol·L^{-1} pH 7.2磷酸盐缓冲液溶解，再用蒸馏水定容至1 000 mL。

【实验器材】

0.6 cm×10 cm玻管；玻璃纸或软胶膜；微量注射器(50 μL)；锥形瓶；5 mL注射器；10 cm局麻针头；滴管；电泳仪；大平皿。

【实验操作】

1. 凝胶柱的制备

先将干净的玻璃管准备好，垂直放置。再将凝胶缓冲液15 mL、凝胶贮备液13.5 mL、蒸馏水1.05 mL、10%TEMED 0.45 mL及过硫酸铵22.5 mg混合溶解，倒入玻管中。各管凝胶长度应相等(事先画好刻度)，并避免有气泡。

2. 样品的处理

各标准蛋白质及被测样品均用样品溶解液溶解，并使其蛋白质的浓度为2 mg·mL^{-1}，37 ℃水浴保温2 h，用透析缓冲液透析15 h～16 h。然后每种标准蛋白质及样品液中均加入等体积的加样液。

3. 电泳

各种标准蛋白质及样品各取50 μL～100 μL，分别加于凝胶顶端。上槽接负极，下槽接正极，电流8 mA·$管^{-1}$，电压40 V·$管^{-1}$～50 V·$管^{-1}$，电泳4 h～5 h，溴酚蓝到达凝胶的3/4处，然后将凝胶从玻管中取出，将溴酚蓝处做一标记(穿一细金属丝)，并量出凝胶的长度。

4. 染色及脱色

将凝胶浸于盛染色液考马斯亮蓝R250的大平皿中2 h，再浸于脱色液中，并经常更换脱色液至背景颜色脱尽，量出胶长及各蛋白区带移动的距离。

5. 绘制标准曲线

将大平皿放在一张坐标纸上，量出加样端距金属丝间的距离以及各蛋白样品区带中心与加样端的距离，按下式计算相对迁移率(u)：

$$\text{相对迁移率}(u)=\frac{\text{蛋白样品距加样端迁移距离/cm}}{\text{溴酚蓝区带中心与加样端距离/cm}}$$

以标准蛋白的相对迁移率为横坐标，标准蛋白质相对分子质量的对数为纵坐标在坐标纸上作图，可得一条标准曲线。根据未知蛋白质的相对迁移率可直接在标准曲线上查出其相对分子质量。

【注意事项】

1. SDS 的结合程度

SDS 与蛋白质的结合是与质量成比例的，在 SDS 浓度大于 1 mmol · L^{-1}时，大多数蛋白质以 1.4 g SDS/1 g 蛋白质的比例结合，这个比例大致相当于 1 个 SDS 分子结合 2 个氨基酸残基。如果 SDS-蛋白质复合物不能达到 1.4 g SDS/1 g 蛋白质，就不能得到准确的结果。影响 SDS 与蛋白质结合的因素有以下三个：① 二硫键是否完全被还原，只有蛋白质分子内的二硫键被彻底还原，SDS 才能定量结合到蛋白质分子上去，并使之具有相同的构象，一般以巯基乙醇或二硫苏糖醇为还原剂；② 溶液中 SDS 的浓度常常比蛋白质的量高 3 倍，一般要达到 10 倍以上；③ 溶液的离子强度应较低，一般不超过 0.26，低离子强度时，SDS 单体具有较高的平衡浓度，SDS 分子团浓度较低，则 SDS 结合到蛋白质分子上的量仅决定于 SDS 单体的浓度。

2. 标准曲线和凝胶浓度的选择

SDS-PAGE 测定蛋白质相对分子质量时，要求相对分子质量的对数与迁移率成直线关系。在凝胶电泳中，影响迁移率的因素很多。根据所测相对分子质量范围选择最适浓度的凝胶，5%凝胶适合分离的蛋白质相对分子质量范围是 25 000～200 000；10%凝胶适合分离的蛋白质相对分子质量范围是 10 000～70 000；15%凝胶适合分离的蛋白质相对分子质量范围是 10 000～50 000。尽量选择相对分子质量范围和性质与待测样品相近的蛋白质作标准蛋白质。标准蛋白质的相对迁移率最好在0.2 到 0.8之间均匀分布。

3. 多亚基蛋白质相对分子质量测定时所存在的问题

许多蛋白质是多亚基的，在 SDS 和巯基乙醇作用下，解离成各个亚基，因此 SDS-PAGE 测定的只是各个亚基的相对分子质量，而不是完整蛋白质的相对分子质量。为了得到更全面的资料，还需用其他方法（如分子筛层析、梯度凝胶电泳）进行测定，并与 SDS-PAGE 结果相互补充。

4. SDS-PAGE 测定蛋白质相对分子质量的准确性

并不是所有蛋白质都能用 SDS-PAGE 测定相对分子质量，有些电荷异常或构象异常的蛋白质用此方法测出的相对分子质量是不准确的。带有较大辅基的蛋白质如糖蛋白、一些结构蛋白等不能用该法测定出准确的相对分子质量。

5. 丙烯酰胺和双丙烯酰胺有很强的神经毒性，容易吸附在皮肤上，且其作用有累积性，称量时应小心，最好戴手套、口罩。聚丙烯酰胺可认为无毒，但难免附带有少量未能聚合的丙烯酰胺单体，故在整个操作过程中都应注意。

6. 微量进样器针头极易堵塞，吸样后应及时清洗。

【思考题】

1. SDS 样品液中的各种试剂起什么作用？
2. SDS-PAGE 是否需要在低温下进行？
3. 如何选择标准蛋白质和凝胶浓度？

实验二十　血清蛋白的醋酸纤维薄膜电泳

【实验目的】

1. 掌握醋酸纤维薄膜电泳的操作。

2. 了解电泳技术的一般原理。

【实验原理】

血清中各种蛋白质分子在电场的作用下，向着与其所带电荷电性相反的电极移动。由于各种蛋白质等电点不同，从而在同一 pH 环境中所带电荷量有所不同，同时分子大小、形状各有差异，所以在同一电场中泳动速度不同。一般来说，所带的电荷多而颗粒小者，泳动速度快，反之则慢。据此，可用电泳法将血清中各种蛋白质加以分离。

电泳的方法很多，目前常用的有醋酸纤维薄膜法。它具有微量、快速、简便、分辨力高、对样品无拖尾和吸附现象等优点，故广泛应用于血清蛋白、血红蛋白、糖蛋白、脂蛋白、结合球蛋白、同工酶的分离和测定。用此法测定血清蛋白质时，因各种血清蛋白质的等电点在 pI 7 以下，故在 pH 8.6 的缓冲液中带负电，在电场中向阳极泳动，血清一般可分为清蛋白及 α_1，α_2，β，γ-球蛋白 5 条区带。经染色、比色，可算出各部分蛋白质的相对百分含量。

【实验试剂及配制】

1. 巴比妥缓冲液(pH 8.6，离子强度 0.07)

巴比妥 2.76 g，巴比妥钠 15.45 g，加蒸馏水溶解，然后定容至 1 000 mL。

2. 染色液

含氨基黑 10B 0.25 g，甲醇 50 mL，冰醋酸 10 mL，蒸馏水 40 mL。可重复使用。

3. 漂洗液

含甲醇或乙醇 45 mL，冰醋酸 5 mL，加蒸馏水 50 mL。

4. 透明液

含无水乙醇 7 份，冰醋酸 3 份。

5. 0.4 $mol \cdot L^{-1}$ 氢氧化钠溶液

【实验器材】

醋酸纤维薄膜；培养皿；滤纸；镊子；剪子；加样器(可用血红蛋白吸管或用 1.2 cm×5 cm有机玻璃条，在一端磨出 0.2 cm 左右平面)；直尺；铅笔；玻璃板(8 cm×12 cm)；点滴板；试管；试管架；吸量管；吸量管架；电泳仪以及分光光度计或吸光度计。

【实验操作】

1. 浸泡

用镊子取醋酸纤维薄膜 1 张(识别出光泽面与无光泽面，并在光泽面角上用笔做上记号)放在缓冲液中浸泡 20 min，至薄膜无白斑。

2. 点样

将膜条从缓冲液中取出，夹在两层粗滤纸内吸干多余的液体，然后平铺在玻璃板上(无光泽面朝上)，将点样器先在放置于点滴板上的血清中蘸一下，再在膜条一端 2 cm～3 cm 处轻轻地水平落下并随即轻轻提起，应使血清形成一条宽度、粗细均匀的直线，这样即在膜条上点上了细条状的血清样品(如图 3-6 所示)。

3. 电泳

在电泳槽内加入缓冲液，使两个电泳槽内的液面等高，将膜条平悬于电泳槽支架的滤纸桥上(先剪裁尺寸合适的滤纸条，取双层滤纸条附着在电泳槽的支架上，使它的一端与支架的前沿对齐，而另一端浸入电泳槽的缓冲液内。用缓冲液将滤纸全部润湿并驱除气泡，使滤纸紧贴在支架上，即为滤纸桥)。膜条上点样的一端靠近负极，点样面向下，光滑面向上。盖严电泳室。通电。调节电压为 100 V～160 V，电流强度为 0.4 mA・cm^{-1}～0.7 mA・cm^{-1}(膜宽)，电泳时间约为 25 min(如图 3-7 所示)。

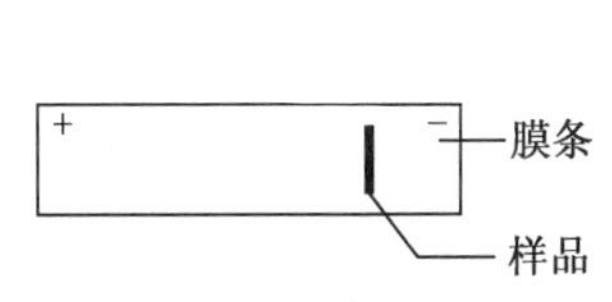

图 3-6 膜条点样示意图

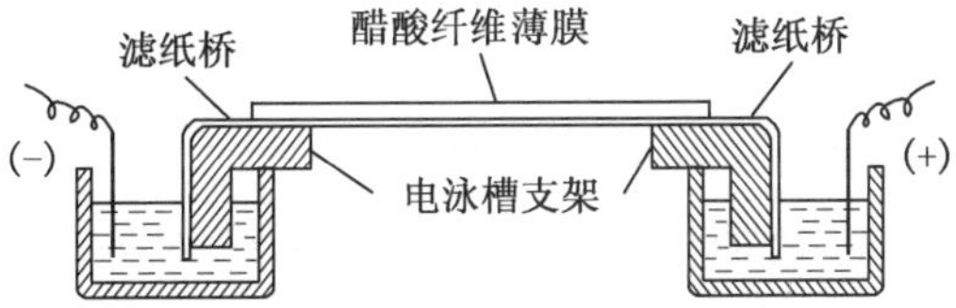

图 3-7 醋酸纤维薄膜电泳装置示意图

4. 染色

电泳完毕后将膜条取下，并放在染色液中浸泡 10 min。

5. 漂洗

将膜条从染色液中取出后移至漂洗液中漂洗数次，至无蛋白区底色脱净为止，可得色带清晰的电泳图谱(如图 3-8 所示)。

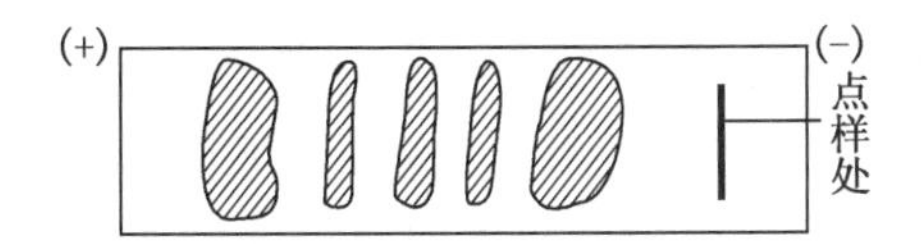

图 3-8 醋酸纤维薄膜血清蛋白电泳图谱

从左至右，依次为：血清清蛋白 α_1-球蛋白 α_2-球蛋白 β-球蛋白 γ-球蛋白

定量测定时可将膜条用滤纸压平吸干，按区带分段剪开，分别浸在0.4 mol・L^{-1}氢氧化钠溶液中约 30 min，并剪取相同大小的无色带膜条作空白对照，进行比色。或者将干燥的电泳图谱膜条放入透明液中浸泡 2 min～3 min 后取出，贴于洁净玻璃板上，干后即为透明的薄膜图谱，可用吸光度计直接测定。

【注意事项】

1. 醋酸纤维薄膜的处理

市售纤维薄膜均为干膜片，薄膜的浸润与选择是决定电泳成败的关键因素之一。将膜片漂浮于电极缓冲液表面，其目的是检验膜片厚薄及均匀度，如漂浮 15 s～30 s 时，膜片吸水不均匀，有白色斑点或条纹，这提示膜片厚薄不均，应弃去不用，以免造成电泳后区带扭曲，界线不清，背景脱色困难，结果难以重复。由于醋酸纤维薄膜吸水性比滤纸小，浸泡30 min 以上可保证膜片上有一定量的缓冲液，并使其恢复到原来多孔的网状结构。最好是让漂浮于缓冲液中的薄膜吸满缓冲液后自然下沉，这样可将膜片上聚集的气泡赶走。点样时，应将膜片表面多余的缓冲液用滤纸吸去，以免缓冲液太多引起样品扩散。但也不能吸得太干，太干则样品不易进入薄膜的网孔内，而造成电泳起始点参差不齐，影响分离效果。吸水量以不湿不干为宜。为防止指纹污染，取膜时，应戴手套或用镊子。

2. 缓冲液的选择

醋酸纤维薄膜电泳常选用pH 8.6的巴比妥缓冲液，其浓度范围为0.05 mol·L^{-1}～0.09 mol·L^{-1}。选择何种浓度与样品及薄膜的大小有关。在选择时，先初步定下某一电泳参数，如果电泳槽两极之间的膜片长度为8 cm～10 cm，则需电压25 V·cm^{-1}(膜长)，电流强度为0.4 mA·cm^{-1}～0.6 mA·cm^{-1}(膜宽)。当电泳时达不到或超过这个值时，则应增加缓冲液浓度或进行稀释。缓冲液浓度过低，则区带泳动速度快，并容易扩散变宽；缓冲液浓度过高，则区带泳动过慢，区带分布过于集中，不易分辨。

3. 加样量

加样量的多少与电泳条件、样品性质、染色方法及检验手段的灵敏度密切相关。一般原则下，检验方法越灵敏，加样量越少，对分离更有利。如加样量过大，则电泳后区带分离不清楚，甚至互相干扰，染色也较费时。如电泳后用洗脱法定量时，每厘米加样线上需加样品0.1 μL～5.0 μL，相当于5 μg～500 μg蛋白。血清蛋白常规电泳分离时，每厘米加样线上加样量不超过1 μL，相当于60 μg～80 μg蛋白。但糖蛋白和脂蛋白电泳时，加样量应多加一些；对每种样品，要确定加样量，均应先做预实验加以选择。

点样好坏是决定能否获得理想图谱的重要环节之一，点样时动作应轻、稳，用力不能太重，以免将膜片弄破或印出凹陷，影响电泳区带分离效果。

4. 电流的选择

电泳过程应选择合适的电流强度，一般适宜的电流强度为0.4 mA·cm^{-1}～0.5 mA·cm^{-1}(膜宽)。电流太强则热效应高，尤其在温度较高的环境中，可引起蛋白质变性，或热效应导致缓冲液中水分蒸发，使缓冲液浓度增加，造成膜片干涸；电流过低，则样品泳动速度慢且易扩散。

5. 染色液的选择

对醋酸纤维薄膜电泳后使用的染色液应根据样品的特点加以选择。其原则是染料对分离样品有较强的着色力，背景易脱色；应尽量采用水溶性染料，不宜选用醇溶性染料，以免引起醋酸纤维薄膜溶解。

应控制染色时间。时间长，薄膜底色不易脱去；时间太短，着色浅而不易区分，或造成条带染色不均匀。必要时可进行复染。

6. 透明与保存

透明液应临时配制，以免冰醋酸及乙醇挥发而影响透明效果。这些试剂最好选用分析纯。透明前，薄膜应完全干燥。透明时间应掌握好，如在透明液中浸泡时间太长则薄膜溶解，时间太短则透明度不佳。

透明后的薄膜完全干燥后才能浸入液体石蜡中，使薄膜软化。如有水，则液体石蜡不易浸入，薄膜不易展平。

【思考题】

1. 电泳时，醋酸纤维薄膜点样的一端应靠近哪一电极？为什么？
2. 血清醋酸纤维薄膜电泳可将血清蛋白依次分为哪几条区带？
3. 用醋酸纤维薄膜做电泳支持物有什么优点？
4. 电泳图谱清晰的关键是什么？如何正确操作？

实验二十一 血清脂蛋白琼脂糖凝胶电泳

【实验目的】

1. 了解琼脂糖凝胶电泳的基本原理。

2. 掌握血清脂蛋白的定性、定量测定方法。

【实验原理】

脂类在血浆中都与蛋白质结合成脂蛋白而存在，根据在电场中的迁移率不同，以醋酸纤维膜或琼脂糖凝胶为支持介质，将血浆（血清）脂蛋白分离为α-脂蛋白、前β-脂蛋白、β-脂蛋白和乳糜微粒四个部分。正常空腹血浆中应不含乳糜微粒。将血清脂蛋白用脂类染料（如苏丹黑 B 或油红 O 等）进行预染，再将预染过的血清置于琼脂糖凝胶板上进行电泳分离。通电后，可以看出脂蛋白向正极移动，并分离为几个区带。脂蛋白易分解，血液样品必须新鲜，分离血清后应在 6 h 内进行电泳。室温下放置过久或冷藏过久都会造成分离不好，尤其是前β-脂蛋白带不清楚或消失。

【实验试剂及配制】

1. 血清

新鲜人血清或动物血清，无溶血。

2. 巴比妥钠-HCl 缓冲液（ pH 8.6，离子强度 0.075 ）

称取巴比妥钠 15.5 g，量取 1 mol · L^{-1} HCl 12 mL，加蒸馏水定容至1 000 mL。此为电极缓冲液。

3. 0.8%琼脂糖凝胶

4. 1%苏丹黑 B 的石油醚-乙醇（ 1∶4，V/V ）溶液

5. 无水乙醇

【实验器材】

试管；恒温水浴器；载玻片（ 2.5 cm×7.5 cm ）；刀片；1 mL 注射器；电泳仪；离心机。

【实验操作】

1. 预染血清

吸取血清 0.2 mL 于一小试管中，加入苏丹黑 B 染色液 0.02 mL 及无水乙醇 0.01 mL，混匀后置于 37 ℃水浴中预染 30 min。离心（ 2 000 r · min^{-1}）约 5 min，以去掉多余的染料颗粒。

2. 琼脂糖凝胶板的制备

将 0.8%的琼脂糖煮沸溶解后，用刻度吸管吸取凝胶溶液注于载玻片上，每片约注液 3 mL，趁热将盖槽用的“Π”形有机玻璃盖在距载玻片一端约 1 cm 处。

3. 点样

将已凝固在凝胶上的“Π”形有机玻璃轻轻取下，凝胶上便显示出小槽。用小滤纸片吸干槽中水分，用微量加样器（或血红蛋白吸管）吸取预染血清 40 μL，注入小槽中。

4. 电泳

将点样的凝胶板放于电泳槽架上，样品端放于负极端。凝胶板的两端分别用 4 层在

巴比妥钠-HCl缓冲液中浸泡过的滤纸搭桥，即滤纸的一端分别接在凝胶板的两端，另一端分别与缓冲液连接(参考图3-7)。120 V～150 V电泳45 min。

5. 定量

洗脱法：切下凝胶板各脂蛋白色带，分别置于盛有3 mL蒸馏水的试管中，另在空白区切一同样大小的凝胶作为空白管。各管置于沸水浴中3 min，使凝胶溶解。冷却后在660 nm处比色，记录吸光度。计算各部分脂蛋白的百分含量。

【注意事项】

1. 琼脂糖凝胶浓度要适中，一般选用1%。过大，各脂蛋白不易分开；过小，凝固性差，机械强度差，打孔时不易剔出槽内凝胶，电泳图谱不太清楚。

2. 样品槽大小应适中，边缘光滑整齐。

3. 样量要适中，以加满样品槽为好，千万不要将已染色的样品沾在槽外的凝胶板上。

【思考题】

1. 琼脂糖凝胶电泳有何优缺点？最常用在哪些物质的分离中？

2. 血清蛋白电泳与血清脂蛋白电泳图谱中各蛋白质区带的对应关系是什么？

实验二十二　等电聚焦电泳测定蛋白质等电点

【实验目的】

1. 了解等电聚焦电泳的基本原理。

2. 了解等电聚焦电泳的应用。

【实验原理】

等电聚焦的基本原理是在电泳槽中放入两性电解质，如脂肪族多氨基多羧酸（或磺酸型、羧酸磺酸混合型），pH 范围有 3～10、4～6、5～7、6～8、7～9 和 8～10 等。电泳时，两性电解质形成一个由阳极到阴极逐步增加的 pH 梯度，正极为酸性，负极为碱性。蛋白质分子是在含有载体两性电解质形成的一个连续而稳定的线性 pH 梯度中进行电泳。样品可置于正极或负极任何一端。在电场中，蛋白质分子在大于其等电点的 pH 环境中以阴离子形式向正极移动，在小于其等电点的 pH 环境中以阳离子形式向负极移动。当置于负极端时，因 pH> pI，蛋白质带负电而向正极移动。随着 pH 的下降，蛋白质所带负电荷量渐少，移动速度变慢。当蛋白质移动到与其等电点相应 pH 位置上时即停止，并聚集形成狭窄区带。

如果在 pH 梯度环境中对含有各种不同等电点的蛋白质混合样品进行电泳，不管混合蛋白质分子的原始分布如何，都将按照它们各自的等电点大小在 pH 梯度中相对应位置聚集，最终使不同等电点的蛋白质分子分隔在不同区域，这种按等电点大小在 pH 梯度某一位置进行聚集的行为即是聚焦。聚焦部位的蛋白质质点的净电荷为零，测定聚焦部位的 pH 即可知道该蛋白质的等电点。因此，等电聚焦电泳中蛋白质的分离取决于电泳 pH 梯度的分布和蛋白质的 pI，而与蛋白质分子大小和形状无关。

两性电解质载体有 Ampholine（IKB 公司）、Servalyte（Serva 公司）、Pharmalyte（Pharmacia 公司）及国内产品等种类，其选择主要依据被测蛋白质的大概等电点范围。

【实验试剂】

40%蔗糖；30%丙烯酰胺；Ampholine 两性电解质载体（pH 3.5～10.0）；10%过硫酸铵；TEMED；待测蛋白质溶液（如 2 $mg \cdot mL^{-1}$ 的牛血清白蛋白溶液）；20 $g \cdot L^{-1}$ NaOH 溶液；5%磷酸溶液；12%三氯乙酸溶液。

【实验器材】

玻管（0.5 cm×10 cm 或 0.25 cm×10 cm）；圆盘电泳槽；直流电源；注射器；玻璃平皿；直尺；刀片；两面板；Parafilm 封口膜；1.5 mL EP 管等。

【实验操作】

1. 配胶前准备工作

取 2 支玻管（0.5 cm×10 cm 或 0.25 cm×10 cm），用 Parafilm 封口膜（或乳胶橡皮）紧紧与一端管口相贴以保证封闭管口。封端朝下作为管底，垂直放置在制胶管架上，加入 40%蔗糖 3 滴～4 滴。

2. 制胶

向小烧杯内按表 3-16 所示顺序分别加入试剂，混匀后，将凝胶液加入玻璃管中，直至离玻管顶端 1 cm 处为止，上面再以 2 滴～3 滴蒸馏水覆之。注意不要搅动凝胶，保持其

表面平整。室温静置进行聚合，当凝胶与水之间出现清晰界面时，表示聚合完成。

表 3-16　等电聚焦电泳中凝胶的配制

试剂名称	用量
dH_2O	15.00 mL
30%丙烯酰胺	2.50 mL
两性电解质载体(pH 3.5～10.0)	0.75 mL
待测蛋白质溶液	0.15 mL
10%过硫酸铵	30.00 μL
TEMED	7.00 μL

3. 电泳前准备工作

(1) 剥去封胶的 Parafilm 膜，甩掉玻管两端的水和蔗糖液，用少量蒸馏水洗涤两端残留的未聚合聚丙烯酰胺，将玻管插入圆盘电泳槽的胶塞孔中。将所有胶塞孔都插满玻管，如果没有多的玻管，用未开孔胶塞封闭样品槽。

(2) 将样品槽翻转，用注射器吸取少量 NaOH 溶液加入玻管内，以排出气泡。

(3) 向样品槽(圆盘电泳槽上槽)内加入少量 5%磷酸溶液，溶液量淹没过胶塞面即可，观察是否漏液。如果漏液，需重新插管；如果不漏液，继续加磷酸溶液，直至淹没过玻管上缘。

(4) 向圆盘电泳槽下槽加入 20 $g \cdot L^{-1}$ NaOH 溶液，液面淹没过玻管下缘即可。

4. 电泳

放好样品槽，加盖，上槽接正极，下槽接负极，打开直流电源，恒压 160 V，聚焦约 4 h，当电流接近零时停止电泳。

5. 电泳后处理及实验结果记录

(1) 聚焦结束后取出凝胶管，先用蒸馏水洗涤两端，然后用带长针头的注射器吸取水，插入胶柱与玻管内壁之间，缓慢旋转玻管，边旋转边注水并推进针头，使凝胶条与管壁剥离，然后用洗耳球对玻管一端轻轻加压，使凝胶条从玻管内滑出，标明胶条正负端，并对凝胶条编号。

(2) 测量凝胶条长度 L_1 和 L_1' 并记录。

(3) 将一根凝胶条(长度为 L_1)放入培养皿中，加入 12%三氯乙酸溶液固定，20 min～2 h 即可见到白色蛋白条带。

(4) 测量固定后的凝胶条长度 L_2，以及凝胶条正极端到蛋白质白色沉淀条带中心的距离 L_P，并记录。

(5) 将另一条未经固定的凝胶(长度为 L_1')按照从正极端到负极端的顺序用刀片依次切成 5 mm 长的小段，分别置于有 1 mL 蒸馏水的试管中浸泡过夜。次日用 pH 试纸测量溶液 pH，并记录。

6. 绘制 pH 梯度曲线

以凝胶柱长度为横坐标，pH 为纵坐标作图。由于所测得的每一凝胶的 pH 是 5 mm 长的小段胶条的 pH 混合平均值，作图时应把此 pH 视为 5 mm 小段的中心区 pH，即第一小段的 pH 所对应的胶条长度应为 2.5 mm，其余胶条段的长度依次按 $(5n-2.5)$ mm类推。

7. 计算蛋白质样品等电点

根据蛋白聚焦部位距凝胶条正极端的实际长度 tL_P'，从 pH 梯度曲线上查到对应 pH 的数值即等于该样品蛋白的等电点（如表 3-17 所示）。

表 3-17 蛋白质样品等电点的计算

L_1 /mm	L_2 /mm	L_P /mm	$tL_P = L_P \times (L_1/L_2)$ /mm	L_1' /mm	$tL_P' = L_P \times L_1'/L_2$ /mm	pI

注：L_1——凝胶柱固定前长度(mm)；

L_2——凝胶柱固定后长度(mm)；

L_P——固定后蛋白质白色沉淀区带中心距凝胶条正极端的长度(mm)；

tL_P——固定前蛋白质聚焦部位距凝胶条正极端的实际长度(mm)；

L_1'——未固定凝胶长度，即测定 pH 的那支凝胶的长度(mm)；

tL_P'——在未固定凝胶中待测蛋白质距凝胶条正极端的实际长度(mm)；

pI——待测蛋白的等电点。

【注意事项】

1. 样品要脱盐，否则区带会扭曲；要彻底溶解，未彻底溶解的颗粒易引起拖尾；样品溶液中可加变性剂如尿素(6 mol·L^{-1}～8 mol·L^{-1})、去垢剂等。加样量取决于样品中蛋白质种类及检测方法的灵敏度，一般以 0.5 mg·mL^{-1}蛋白质～1 mg·mL^{-1}蛋白质为宜，最适加样体积 10 μL～ 30 μL，对不稳定样品可进行预电泳。

2. 样品可直接加在胶的顶部，亦可以在胶聚合前加入胶的混合物内一起聚合，应视样品的浓度及稳定性而定。如果样品比较浓，且易失活，一般在电泳前加到胶的顶部。为了不使样品接触电极溶液，在加样品后，再将胶管顶部充满 1%两性电解质。样品也可以经预电泳后再加入，这也要看蛋白质样品对 pH 的敏感程度。

【思考题】

简述等电聚焦电泳测定蛋白质等电点的原理及应用。

实验二十三　酵母 RNA 的分离及组分鉴定

【实验目的】

掌握 RNA 提取的原理及方法。

【实验原理】

一般的生物细胞中同时含有 DNA 和 RNA，在酵母中 RNA 含量比 DNA 的高得多，RNA 含量达 2.67%～10.00%，DNA 含量则少于 2%(0.030%～0.516%)，故在实验室中常用酵母作为 RNA 提取的材料。若要提取出具有生物活性的 RNA，常用苯酚法；若对生物活性没有要求，则可使用浓盐法、稀碱法等。RNA 可溶于碱性溶液，本实验中采用稀碱法，既可加速细胞的破裂，又可增大 RNA 的溶解度。当碱被中和后，可用乙醇将 RNA 沉淀，由此即可得到 RNA 的粗制品。

RNA 含有核糖、磷酸和嘌呤碱各组分。加硫酸煮沸可使其水解，从水解液中可以测出上述组分的存在。

核糖与苔黑酚试剂反应呈鲜绿色。磷酸与钼酸铵试剂作用产生磷钼酸，后者在还原剂抗坏血酸(或硫酸亚铁)的作用下形成蓝色的钼蓝。嘌呤碱与硝酸银能产生白色的嘌呤银化合物沉淀。

【实验试剂及配制】

1. 0.04 mol · L^{-1}氢氧化钠溶液

2. 酸性乙醇溶液

将 0.3 mL 浓盐酸加入 30 mL 乙醇中。

3. 95%乙醇

4. 乙醚

5. 3 mol · L^{-1}硫酸

6. 浓氨水

7. 0.1 mol · L^{-1}硝酸银溶液

8. 三氯化铁浓盐酸溶液

将 10%三氯化铁溶液(用 $FeCl_3 \cdot 6H_2O$ 配制)2 mL 加入到 100 mL 浓盐酸中。

9. 苔黑酚乙醇溶液

溶解 6 g 苔黑酚于 95%乙醇 100 mL 中(可在冰箱中保存 1 个月)。

10. 钼酸铵试剂

取 25 g 钼酸铵溶于 300 mL 蒸馏水中，另将 75 mL 浓硫酸慢慢地加入125 mL蒸馏水中，混匀，冷却。将以上两液合并即为钼酸铵试剂。

11. 酵母粉

12. 抗坏血酸(或 $FeSO_4$)粉末

【实验器材】

离心机；托盘天平；乳钵；恒温水浴器；50 mL 锥形瓶；1.5 cm×15 cm 试管(×3)。

【实验操作】

将 2 g～3 g 酵母悬浮于 0.04 mol · L^{-1}氢氧化钠溶液 20 mL 中，并在乳钵中研磨均匀。将悬浮液移至 50 mL 锥形瓶中。在沸水上加热 30 min，冷却，离心（3 000 $r \cdot min^{-1}$）15 min，将上清液缓慢倾入 5 mL～10 mL 酸性乙醇溶液中。注意要一边搅拌一边缓缓倾入。待 RNA 沉淀完全后，离心（3 000 $r \cdot min^{-1}$）3 min。弃去上清液，用 95％乙醇洗涤一次，沉淀可在空气中干燥。

将沉淀加入 3 $mol \cdot L^{-1}$硫酸 10 mL 中，沸水浴加热 10 min 制成水解液进行组分的鉴定。

1. 嘌呤碱

取水解液 1 mL 加入过量 1 mL～2 mL 浓氨水，然后加入约0.1 $mol \cdot L^{-1}$硝酸银溶液 1 mL，观察有无嘌呤银化合物沉淀。

2. 核糖

取 1 支试管加入水解液 1 mL、三氯化铁浓盐酸溶液 2 mL 和苔黑酚乙醇溶液 0.2 mL，放沸水浴中 10 min，注意溶液若变成鲜绿色，说明核糖的存在。

3. 磷酸

取 1 mL 水解液于试管中，再加 3 mL 钼酸铵试剂，摇匀，加入抗坏血酸或少许 $FeSO_4$ 粉末（约几颗细砂粒大小），加热约 2 min～3 min，观察有何颜色变化。

【注意事项】

离心时，转速应由零缓慢调节到指定转速；离心结束时，应由指定转速缓慢调节到零，再关机。

【思考题】

1. 本实验中涉及的 RNA 组分是什么？怎样验证？

2. 验证 RNA 中核糖的方法，可否用以检验脱氧核糖，为什么？

实验二十四　地衣酚显色法测定 RNA 含量

【实验目的】

学习 RNA 含量的定量测定方法和原理。

【实验原理】

在三氯化铁及盐酸存在下，RNA 与 3，5-二羟基甲苯（地衣酚，也即苔黑酚）反应，生成鲜绿色物质，其最大吸光度在 670 nm 处。要说明的是：地衣酚反应特异性较差，凡戊糖均可与地衣酚反应，DNA 及其他杂质也能与之发生类似的颜色反应。因此测定 RNA 时，要考虑 DNA 等杂质影响，可先测定 DNA 含量，再计算出 RNA 含量。

【实验试剂及配制】

1. RNA 标准溶液

取标准 RNA（需先经定磷法确定其纯度）配成 100 $\mu g \cdot mL^{-1}$的溶液。

2. 样品待测液

取 RNA 标准溶液适当稀释，使 RNA 含量为 50 $\mu g \cdot mL^{-1}$～100 $\mu g \cdot mL^{-1}$。

3. 地衣酚试剂

先称取 100 mg 三氯化铁溶于 100 mL 浓盐酸中（配制 0.1%浓度的溶剂）备用。在使用前加入 100 mg 地衣酚配制成 0.1%浓度的地衣酚试剂。

【实验器材】

分光光度计；恒温水浴器；吸量管。

【实验操作】

1. 标准 RNA 曲线的制作

取 6 支洁净干燥试管按表 3-18 取样并加入试剂。

表 3-18　标准 RNA 曲线的制备操作步骤

管号	RNA 标准溶液/mL	H_2O/mL	地衣酚试剂/mL	RNA 含量/μg
1	0.0	2.5	2.5	0
2	0.5	2.0	2.5	50
3	1.0	1.5	2.5	100
4	1.5	1.0	2.5	150
5	2.0	0.5	2.5	200
6	2.5	0.0	2.5	250

充分混匀后，于沸水浴中加热 20 min。自来水冷却后，测定 $A_{670\ nm}$。以 RNA 含量为横坐标，$A_{670\ nm}$为纵坐标，绘制标准曲线。

2. 样品的测定

取样品溶液 2.5 mL，加入地衣酚试剂 2.5 mL，如前述方法测定 $A_{670\ nm}$，从标准曲线查出 RNA 含量。

3. 计算

$$样品中 RNA 浓度/(\mu g \cdot mL^{-1})=\frac{样品测得的 RNA 含量/\mu g}{2.5/mL}$$

【注意事项】

1. 本方法较灵敏。样品中蛋白质含量高时，应先用5%三氯醋酸溶液将蛋白质沉淀后再测定，否则将发生干扰。

2. 有较多的DNA存在时，亦可发生干扰，如在试剂中加入适量的$CuCl_2 \cdot H_2O$，可减少DNA的干扰。

【思考题】

配制地衣酚试剂时，为什么要加$FeCl_3$？

实验二十五　质粒 DNA 的提取、酶切与鉴定

【实验目的】

1. 掌握质粒的小量快速提取法。

2. 了解质粒酶切鉴定原理。

【实验原理】

质粒是一种染色体外的稳定遗传因子，是大小在 1 kb～200 kb，具有双链闭合环状结构的 DNA 分子，主要发现于细菌、放线菌和真菌细胞中。质粒具有自主复制和转录能力，能使子代细胞保持它们恒定的拷贝数，可表达携带的遗传信息。质粒既可独立游离在细胞质内，也可整合到细菌染色体中，它离开宿主的细胞就不能存活，而它控制的许多生物学功能却赋予宿主细胞以某些表型。

所有分离质粒 DNA 的方法都包括 3 个基本步骤：培养细菌使质粒扩增；收集和裂解细菌；分离和纯化质粒 DNA。采用溶菌酶可破坏菌体细胞壁，十二烷基磺酸钠(SDS)可使细胞壁裂解，经溶菌酶和阴离子去污剂(SDS)处理后，细菌 DNA 缠绕附着在细胞壁碎片上，离心时易被沉淀出来，而质粒 DNA 则留在上清液中。用酒精沉淀洗涤，可得到质粒 DNA。

质粒 DNA 相对分子质量一般在 $10^6 \sim 10^7$ 范围内。在细胞内，共价闭环 DNA (covalently closed circular DNA，简称 cccDNA)常以超螺旋形式存在。若两条链中有一条链发生一处或多处断裂，分子就能旋转而消除链的张力，这种松弛型的分子叫作开环 DNA(open circular DNA，简称 ocDNA)。在电泳时，同一质粒如以 cccDNA 形式存在，它比其开环和线状形式 DNA 的泳动速度都快，因此在本实验中，质粒 DNA 在电泳凝胶中呈现 3 条区带。

限制性内切酶是一种工具酶，这类酶的特点是具有能够识别双链 DNA 分子上的特异核苷酸顺序的能力，能在这个特异性核苷酸序列内切断 DNA 的双链，形成有一定长度和顺序的 DNA 片段。如 *Eco*R Ⅰ和 *Hind* Ⅲ的识别序列和切口分别是：

*Eco*R Ⅰ：G↓AATTC　　　　*Hind* Ⅲ：A↓AGCTT

G，A 等核苷酸表示酶的识别序列，箭头表示酶切口。限制性内切酶对环状质粒 DNA 有多少切口，就能产生多少酶切片段，因此鉴定酶切后的片段在电泳凝胶中的区带数，就可以推断酶切口的数目，从片段的迁移率可以大致判断酶切片段大小的差别。用已知相对分子质量的线状 DNA 为对照，通过电泳迁移率的比较，就可以粗略推测分子形状相同的未知 DNA 的相对分子质量。

【实验试剂及配制】

1. 实验材料

含质粒的大肠杆菌。

2. pH 8.0 G. E. T. 缓冲液

最终浓度为葡萄糖 50 $mmol \cdot L^{-1}$，EDTA 10 $mmol \cdot L^{-1}$，Tris-HCl 25 $mmol \cdot L^{-1}$ 的混合溶液，高压蒸汽灭菌；用前加溶菌酶 4 $mg \cdot mL^{-1}$。

3. pH 4.8 醋酸钾溶液

60 mL 5 mol·L^{-1} KAc,11.5 mL 冰醋酸,28.5 mL 蒸馏水,配成 100 mL 缓冲液。

4. 酚/氯仿(1∶1,V/V)

酚需在 160 ℃重蒸,加入抗氧化剂 8-羟基喹啉,使其浓度为 0.1%,并用 Tris-HCl 缓冲液平衡 2 次。氯仿中加入异戊醇,氯仿/异戊醇为 24∶1 (V/V)。

5. pH 8.0 TE 缓冲液

最终浓度为 10 mmol·L^{-1} Tris,1 mmol·L^{-1} EDTA 的混合溶液,高压蒸汽灭菌后,再加入 RNA 酶(RNase)使酶浓度为 20 μg·mL^{-1}。

6. TBE 缓冲液

称取 Tris 10.88 g,硼酸 5.52 g 和 EDTA 0.72 g,用蒸馏水溶解后,定容至200 mL,用前稀释 10 倍。

7. EB 染色液

称取 5 g 溴化乙锭(Ethidium Bromide, EB),溶于蒸馏水中并定容到 10 mL,避光保存。临用前,用 TBE 缓冲液稀释 1 000 倍,使其最终浓度达到 0.5 μg·mL^{-1}。

8. 琼脂糖

9. LB 琼脂培养基

蛋白胨 10 g,酵母浸出粉 5 g, NaCl 10 g,用双蒸水溶至 1 000 mL,用5 mol·L^{-1} NaOH(约 0.2 mL)调 pH 为 7.0,此即为 LB 液体培养基。称取 1.5 g 琼脂放入 300 mL 锥形瓶中,加 100 mL LB 液体培养基,高压蒸汽灭菌,制备平皿,此即为 1.5% LB 琼脂固体培养基。

10. 1 mol·L^{-1} NaOH 溶液

11. 5%十二烷基磺酸钠(SDS)

12. 无水乙醇和 70%乙醇

【实验器材】

1.5 mL 塑料离心管(×30); 塑料离心管架(×1); 10 μL,100 μL,1 000 μL微量加样器各 1 支; 常用玻璃仪器及滴管等; 台式高速离心机(20 000 r·min^{-1}); 电泳仪; 电泳槽; 样品槽模板。

【实验操作】

1. 培养细菌

将带有质粒的大肠杆菌接种在 LB 琼脂培养基上,37 ℃培养 24 h～48 h。

2. 从细菌中快速提取制备质粒 DNA

(1) 用 3 根～5 根牙签挑取平板培养基上的菌落,放入 1.5 mL 小离心管中,或取液体培养菌液 1.5 mL 置小离心管中,10 000 r·min^{-1}离心 1 min,去掉上清液。加入 150 μL 的 G.E.T. 缓冲液,充分混匀,在室温下放置 10 min。

(2) 加入 200 μL 新配制的含 0.2 mol·L^{-1} NaOH 和 1% SDS 混合液。加盖,颠倒 2～3 次使之混匀。冰上放置 5 min。

(3) 加 150 μL 冷却的醋酸钾溶液,加盖后颠倒数次混匀,冰上放置 15 min。10 000 r·min^{-1}离心 5 min,将上清液倒入另一离心管中。

(4) 向上清液中加入等体积酚/氯仿,振荡混匀,10 000 r·min^{-1}离心 2 min,将上清

液转移至新的离心管中。

(5) 向上清液中加入等体积无水乙醇,混匀,室温放置 2 min。离心 5 min,倒去上清乙醇溶液,将离心管倒扣在吸水纸上,吸干液体。

(6) 加 1 mL 70%乙醇,振荡并离心,倒去上清液,真空抽干,待用。

3. 质粒 DNA 的酶解

将自提质粒加入 20 μL 的 TE 缓冲液,使 DNA 完全溶解。取清洁、干燥、灭菌的具塞离心管,编号,用微量加样器按表 3-19 所示将各种试剂分别加入每个小离心管内。

表 3-19　DNA 酶切加样表

管 号	标准样品 λDNA/μg	标准样品 PBR322/μg	自提样品质粒 /μL	内切酶 *Eco*R Ⅰ/μL	*Eco*R Ⅰ 酶切缓冲液 /(10×μL)	水* /μL
1			10		2	8
2			10	4	2	4
3		0.5			2	
4	1			4	2	
5		0.5		4	2	
6			10	4	2	4
7			10		2	8

* 补无菌双蒸水至总体系为 20 μL,依实际情况做相应调整。

加样后,小心混匀,置于 37 ℃水浴中,酶解 2 h～3 h,反应终止后,各酶切样品贮存于冰箱中备用。

4. DNA 琼脂糖凝胶电泳

(1) 琼脂糖凝胶的制备

称取 0.6 g 琼脂糖,置于三角瓶中,加入 50 mL TBE 缓冲液,经沸水浴加热全部融化后,取出摇匀,此为 1.2%的琼脂糖凝胶。

(2) 胶板的制备

取橡皮膏(宽约 1 cm)将有机玻璃板的边缘封好,水平放置,将样品槽板垂直立在玻璃板表面。将冷却至 65 ℃左右的琼脂糖凝胶液小心倒至凝胶液板上,使胶液缓慢展开,直到在整个玻璃板表面形成均匀的胶层,室温下静置 30 min,待凝固完全后,轻轻拔出样品槽模板,在胶板上即形成相互隔开的样品槽。用滴管将样品槽内注满 TBE 缓冲液以防止干裂,制备好胶板后立即取下橡皮膏,将胶板放在电泳槽中使用。

(3) 加样

用微量加样器将上述样品分别加入胶板的样品小槽内。每次加完一个样品,要用蒸馏水反复洗净微量加样器,以防止相互污染。

5. 电泳

加完样品后的凝胶板,立即通电。样品进胶前,应使电流控制在 20 mA,样品进胶后电压控制在 60 V～80 V,电流为 40 mA～50 mA。当指示前沿移动至距离胶板前沿 1 cm～2 cm 处,停止电泳。

6. 染色

将电泳后的胶板在 EB 染色液中进行染色以观察在琼脂糖凝胶中的 DNA 条带。

7. 结果与观察

在波长为 254 nm 的紫外灯下，观察染色后的电泳胶板。DNA 存在处显示出红色的荧光条带。

【注意事项】

1. 安全使用 SDS、酚和氯仿。
2. 用酚和氯仿的混合液除蛋白质，其效果比单独使用酚或氯仿要好。

【思考题】

1. 染色体 DNA 与质粒 DNA 分离的主要依据是什么？
2. EB 染料有哪些特点？在使用时应注意些什么？

实验二十六　二苯胺显色法测定DNA含量

【实验目的】

学习和掌握用二苯胺显色法测定DNA含量的原理及操作方法。

【实验原理】

DNA分子中的脱氧核糖，在酸性溶液中变成ω-羟基-γ-酮基戊醛，与二苯胺试剂作用生成蓝色化合物（λ_{max}=595 nm），DNA在40 μg～400 μg范围内，蓝色物质的吸光度与DNA浓度成正比，可用比色法测定。除DNA外，脱氧木糖、阿拉伯糖也有同样反应，其他多数糖类包括核糖在内一般无此反应，反应式如下：

$$\begin{array}{c} CHO \\ | \\ H-C-H \\ | \\ H-C-OH \\ | \\ H-C-OH \\ | \\ CH_2OH \end{array} \xrightarrow[-H_2O]{H^+} \begin{array}{c} CHO \\ | \\ H-C-H \\ | \\ H-C-H \\ | \\ C=O \\ | \\ CH_2OH \end{array} \xrightarrow[\text{（二苯胺）}]{C_6H_5-NH-C_6H_5} \text{蓝色物质}$$

脱氧核糖　　　　ω-羟基-γ-酮基戊醛

【实验试剂及配制】

1. DNA标准溶液

称取适量小牛胸腺DNA钠盐，以0.01 mol·L^{-1} NaOH溶液溶解配制成200 μg·mL^{-1}的标准溶液（若测定RNA样品中的DNA含量时，要求RNA样品中DNA的含量至少为40 μg·mL^{-1}）。

2. 二苯胺试剂

称取1.0 g重结晶二苯胺，溶于100 mL冰醋酸（AR）中，再加入10 mL过氯酸溶液（60%以上），混匀备用。临用前加入1.6%乙醛溶液1.0 mL，配制成的试剂应为无色溶液。

3. 样液

按DNA标准溶液同法处理，控制其DNA含量在50 μg·mL^{-1}左右。

4. 粗制DNA

【实验器材】

坐标纸；1.5 cm×15 cm试管（×7）；0.2 mL（×2），0.5 mL（×3），1.0 mL（×2）吸管；722型分光光度计。

【实验操作】

1. 标准曲线的绘制

取干净试管6支，编号，按表3-20加入试剂。

表 3-20　二苯胺法测定 DNA 含量标准曲线制备操作步骤

试剂/mL ＼ 管号	0	1	2	3	4	5
DNA 标准液	—	0.2	0.4	0.6	0.8	1.0
蒸馏水	1.0	0.8	0.6	0.4	0.2	—
二苯胺试剂	2.0	2.0	2.0	2.0	2.0	2.0

混匀，于 60 ℃恒温水浴 1 h，冷却后比色，测 $A_{595\ nm}$，以吸光度为纵坐标，DNA 量(μg)为横坐标作图。

2. 样液测定

吸取 1 mL 样液，再加二苯胺试剂 2.0 mL，其余操作同上，测 $A_{595\ nm}$，对照标准曲线求得 DNA 含量。按下式计算样品中 DNA 含量(质量分数)：

$$\text{DNA 含量}/\% = \frac{\text{样液中测得的 DNA 量}/\mu g}{\text{样液中所含样品量}/\mu g} \times 100\%$$

【注意事项】

配制待测样品溶液时，要使其浓度在标准曲线范围内。

【思考题】

待测样品中含有哪些物质会对测定产生干扰？

实验二十七　植物基因组DNA的提取

【实验目的】

通过本实验学习从植物组织中提取DNA,并掌握离心机的使用。

【实验原理】

细胞破碎后的不同组分在离心时可以得到分离与纯化。

【实验试剂及配制】

1. 三羟甲基氨基甲烷(Tris)
2. 乙二胺四乙酸(EDTA)
3. 酚/氯仿(1∶1, *V*/*V*)

酚需在160 ℃重蒸,加入抗氧化剂8-羟基喹啉,使其浓度为0.1%,并用Tris-HCl缓冲液平衡2次。氯仿中加入异戊醇(24∶1,*V*/*V*)。

4. β-巯基乙醇
5. 氯仿
6. 异丙醇
7. 乙醇(70%)
8. 琼脂糖凝胶电泳系统
9. 十二烷基磺酸钠(SDS)
10. 细胞提取液

100 mmol · L^{-1} Tris-HCl (pH 8.0), 5 mmol · L^{-1} EDTA (pH 8.0), 500 mmol · L^{-1} NaCl, 1.25% SDS, 1 mol · L^{-1} β-巯基乙醇。

11. 5 mol · L^{-1} KCl溶液
12. TE缓冲液

最终浓度为10 mmol · L^{-1} Tris-HCl(pH 8.0)和1 mmol · L^{-1} EDTA(pH 8.0)的混合溶液。

【实验器材】

低温离心机;恒温水浴锅;台式离心机;50 mL离心管;陶瓷研钵;吸头;小试管。

【实验操作】

1. 取4片新鲜叶片,在液氮中研磨成粉末状(越细越好)。
2. 转移到50 mL离心管中,加入16 mL细胞提取液,充分混匀。65 ℃水浴保温20 min。
3. 从水浴中取出离心管,加入5 mol · L^{-1} KCl溶液5 mL,混匀,冰浴20 min。
4. 4 000 r · min^{-1}离心20 min。
5. 将上清液转移到另一50 mL离心管中。
6. 加等体积酚/氯仿混匀,12 000 r · min^{-1}离心5 min,取上清液。
7. 加等体积氯仿,混匀,12 000 r · min^{-1}离心5 min,取上清液。
8. 加入0.6倍~1倍体积的异丙醇(沉淀DNA),混匀。
9. 离心获得沉淀,用70%乙醇洗3次。风干沉淀。

10. 加入 500 μL TE 缓冲液，溶解 DNA。

11. 取 3 μL 上清液，琼脂糖凝胶电泳检测 DNA 浓度、质量。

提取到的 DNA 应该为一条带。

【注意事项】

离心前，要将离心套、离心管及离心管中的样品一同在托盘天平上称量平衡，方可放入离心机中进行离心操作。

【思考题】

试分析影响植物基因组 DNA 提取质量的因素。

实验二十八　菜花(花椰菜)中核酸的分离

【实验目的】

学习和掌握从植物组织中分离核酸的原理和操作方法。

【实验原理】

核酸是生物体内的主要化学成分,在生物体内主要以核蛋白的形式存在。核酸分为脱氧核糖核酸(DNA)和核糖核酸(RNA)。DNA 主要存在于细胞核中,RNA 主要存在于细胞质中。

用冰冷的稀三氯乙酸或稀高氯酸溶液在低温下抽提菜花匀浆,除去酸溶性小分子物质,再用有机溶剂如乙醇、乙醚等抽提,去掉脂溶性的磷脂等物质。最后用浓盐溶液(10%氯化钠溶液)和 0.5 mol・L^{-1}高氯酸溶液(70 ℃)分别提取 DNA 和 RNA。

【实验试剂及配制】

新鲜菜花;95%乙醇;丙酮;5%高氯酸溶液 200 mL;0.5 mol・L^{-1}高氯酸溶液 200 mL;10%氯化钠溶液 400 mL;石英砂。

【实验器材】

量筒;剪刀;研钵;恒温水浴器;电炉;布氏漏斗。

【实验操作】

1. 取菜花的花冠 20 g,剪碎后置于研钵中。加入 20 mL 95%乙醇和少量石英砂,研磨成匀浆。然后用布氏漏斗过滤,弃去滤液。

2. 向滤渣中加入 20 mL 丙酮,搅拌均匀,抽滤,弃去滤液。

3. 再向滤渣中加入 20 mL 丙酮,搅拌 5 min 后抽滤(用力压滤渣,尽量除去丙酮)。

4. 在冰盐浴中,将滤渣悬浮于预冷的 20 mL 5%高氯酸溶液中,搅拌、抽滤,弃去滤液。

5. 将滤渣悬浮于 20 mL 95%乙醇中,抽滤,弃去滤液。

6. 向滤渣中加入 20 mL 丙酮,搅拌 5 min。抽滤至干,用力压滤渣,尽量除去丙酮。

7. 将干燥滤渣悬浮于 40 mL 10% NaCl 溶液中,在沸水浴中加热 15 min。放置冷却,抽滤至干。留滤液,重复此操作,并将滤液合并,滤液中为提取物之一——DNA。吸取 1 mL DNA 滤液,加入 2.0 mL 二苯胺试剂,沸水浴 10 min,观察颜色变化。

8. 将滤渣悬浮在 20 mL 0.5 mol・L^{-1}高氯酸溶液中,加热到 70 ℃,保温20 min(恒温水浴)后抽滤。滤液中为另一提取物——RNA。吸取 1 mL RNA 溶液,加入 0.2 mL 苔黑酚乙醇溶液,2 mL 三氯化铁浓盐酸溶液,沸水浴 10 min,观察颜色变化。

【注意事项】

用三氯乙酸或稀高氯酸溶液抽提时,要注意在低温下操作。

【思考题】

核酸分离时为什么要除去小分子物质和脂类物质?本实验中是怎样除掉的?

实验二十九　核酸浓度测定——紫外线(UV)吸收法

【实验目的】

1. 通过实验，了解紫外线(UV)测定核酸浓度的原理。

2. 进一步熟悉紫外分光光度计的使用方法。

【实验原理】

蛋白质和核苷酸也能吸收紫外光。通常蛋白质的吸收高峰在 280 nm 波长处，在 260 nm 处的吸收值仅为核酸的$\frac{1}{10}$或更低，因此对于含有微量蛋白质的核酸样品，测定误差较小。RNA 的 260 nm 与 280 nm 吸收的比值在 2.0 以上；DNA 的 260 nm 与 280 nm 吸收的比值则在 1.9 左右。当样品中蛋白质含量较高时，比值下降。若样品内混杂有大量的蛋白质和核苷酸等能吸收紫外光的物质，应设法事先除去。

【实验试剂及配制】

RNA 或 DNA 干粉；钼酸铵-过氯酸沉淀剂；5%～6%氨水；0.01 $mol \cdot L^{-1}$ NaOH 溶液。

【实验仪器】

电子天平；离心机；紫外分光光度计；容量瓶(50 mL)；吸量管；试管及试管架。

【实验操作】

1. 准确称取核酸样品若干，加少量 0.01 $mol \cdot L^{-1}$ NaOH 溶液调成糊状，再加适量水，用 5%～6%氨水调 pH 至 7.0，最后加水配制成每毫升含 5 μg～50 μg 核酸的溶液，用紫外分光光度计测定 260 nm 处吸光度，计算核酸浓度。

2. 如果待测的核酸样品中含有酸溶性核苷酸或可透析的低聚多核苷酸，则在测定时需加钼酸铵-过氯酸沉淀剂，除去大分子核酸，测定上清液在 260 nm 波长处吸光度作为对照。

3. 准确称取待测的核酸样品 0.5 g，加少量 0.01 $mol \cdot L^{-1}$ NaOH 溶液调成糊状，再加适量水，用 5%～6%氨水调 pH 至 7.0，定容至 50 mL。

4. 取 2 支离心管，甲管加入 2 mL 样品溶液和 2 mL 蒸馏水，乙管加入 2 mL 样品溶液和 2 mL 沉淀剂。各自混匀，在冰浴上放置 30 min，3 000 $r \cdot min^{-1}$离心 10 min，从甲、乙两管中分别吸取 0.5 mL 上清液，用蒸馏水定容至 50 mL，选择厚度为 1 cm 的石英比色杯，在 260 nm 波长处测定其吸光度。

【注意事项】

待测样品中含杂质时要进行预处理。

【思考题】

1. 干扰本实验的物质有哪些？

2. 设计实验排除上述物质的干扰。

实验三十　动物组织中总 RNA 提取及 cDNA 的制备

【实验目的】

1. 掌握从动物组织提取 RNA 的原理及操作技术；

2. 学习 cDNA 的制备方法，了解其应用范围。

【实验原理】

动物组织样品在裂解液中能够充分被裂解，加入氯仿离心后，溶液分为上清层、中间层和有机层三层，RNA 分布在上清层中。收集上清层，加入异丙醇离心，得沉淀物，回收得到总 RNA。

逆转录酶能以单链 RNA 为模板，在引物的引发下合成与模板互补的第一链 cDNA。以第一链为模板，在 DNA 聚合酶的作用下合成 cDNA 第二链，完成双链 cDNA 的制备。双链 cDNA 可进一步和载体连接，转化扩增，用于 cDNA 文库的构建，从而实现对真核生物基因的结构、表达、调控等方面的研究。以原核细胞或者真核细胞的 mRNA 为模板合成 cDNA 后，再进行 cDNA 克隆，是生物化学和分子生物学研究的重要手段。

本实验以小鼠肝脏为材料，提取总 RNA。在莫洛尼氏鼠白血病毒逆转录酶（M-MLV）的作用下，以 RNA 为模板，利用 Oligo（dT）$_{18}$引物合成 cDNA 的第一条链，形成 cDNA∶mRNA 杂交链。利用 RNA 酶 H 在杂交链的 mRNA 链上形成单链切口，产生一系列 RNA 引物，在 dNTP 存在下，经大肠杆菌 DNA 聚合酶 I 与 DNA 连接酶的作用合成 cDNA 第二链，从而使 RNA 链被 DNA 链置换，形成 cDNA 双链分子。最后使用 T4 DNA 聚合酶使双链 cDNA 片段末端平滑，并将合成的 cDNA 进行精制，可获得双链 cDNA 产物。该产物可用于 cDNA 的克隆，以进一步对 cDNA 进行体外转录或翻译等展开研究。

【实验试剂及配置】

1. 实验材料

小鼠肝脏（或其他组织）。

2. 实验试剂

（1）RNAiso Plus 裂解液。

（2）液氮。

（3）苯酚、氯仿、异戊醇。

（4）异丙醇、无水乙醇（预冷）。

（5）RNase-free 水：使用 RNase-free 的玻璃瓶，向 1 L 超纯水中加入 1 mL DEPC，制成终浓度为 0.1%的溶液，37 ℃孵育 12 h，高温高压灭菌。

（6）75%的乙醇（RNase-free 水配制）。

（7）Oligo（dT）$_{18}$引物（500 μg · mL^{-1}）。

（8）10 mmol · L^{-1} dNTP 混合物（dATP，dCTP，dCTP 和 dTP 均为 10 mmol · L^{-1}，pH 中性）。

（9）M-MLV 逆转录酶（含 5×第一链合成缓冲液和 0.1 mol · L^{-1} DTT）。

（10）RNA 酶抑制剂。

(11)1.0 mol・L^{-1} Tris-HCl(pH 8.0);在 800 mL RNase-free 水中溶解 121 g Tris 碱,用浓盐酸调 pH 至 8.0,混匀后加 RNase-free 水至 1 000 mL,高压灭菌。

(12)0.5 mol・L^{-1} EDTA(pH 8.0):在 800 mL RNase-free 水中加入 186.1 g EDTA-2Na,用 NaOH(约 20 g)调节 pH 至 8.0,定容至 1 000 mL 后,高压灭菌。

(13)TE 缓冲液:量取 1 mL 的 1 mol・L^{-1} Tris-HCl、200 μL 0.5 μmol・L^{-1} EDTA,混合后加 RNase-free 水定容至 100 mL,高压灭菌。

(14)5×第二链合成缓冲液(含 Tris-HCl、KCl、$MgCl_2$、DTT、0.5 mg・mL^{-1} BSA 等)。

(15)大肠杆菌 DNA:聚合酶 I(*E. coli* DNA Polymerase I)。

(16)大肠杆菌 RNase H 和大肠杆菌 DNA 连接酶混合物(*E. coli* RNase H/*E. coli* DNA Ligase Mixture)。

(17)T4 DNA 聚合酶(T4 DNA Polymerase)。

(18)0.25mol・L^{-1}的 EDTA(pH 8.0):将 0.5 mol・L^{-1} EDTA(pH 8.0)用 RNase-free 水 2 倍稀释即可。

(19)10%SDS 将 10 g 电泳级(M=288.37)SDS 溶于 80 mL RNase-free 水中,定容至 100 mL,室温可永久贮存。

(20)10 mol・L^{-1}醋酸铵溶液:将 7.71 g 醋酸铵溶解于 RNase-free 水中,加 RNase-free 水定容至 10 mL 后,用 0.22 μm 孔径大小的滤膜过滤除菌。

【实验器材】

PCR 仪;冷冻离心机;微量移液枪;电子天平;制冰机;液氮罐;1.5 mL 离心管;研钵等。

【实验操作】

1. 提取总 RNA

(1)称取肝脏组织 100 mg,剪碎,反复速冻,研磨至粉末状。加入 1 mL RNAiso Plus 裂解液,持续研磨为粉末状。

(2)将解冻后的匀浆液转移至 1.5 mL 离心管中,用移液器反复垂悬至溶液透明且无块状沉淀。室温下静置 5 min。

(3)4 ℃条件下,12 000 g 离心 10 min,将上清液转移至干净的 1.5 mL 离心管中。

(4)4 ℃条件下,12 000 g 离心 5 min。小心吸取上清液,移入新的 1.5 mL 离心管中(勿吸取沉淀)。

(5)加入 200 μL 氯仿(RNAiso Plus 的 1/5 体积量),旋紧离心管盖,用手小心剧烈振荡 15 s。待溶液充分乳化(无分相现象)后,在室温下静置 5 min。

(6)4 ℃,12 000 g 离心 15 min。小心取出离心管,此时匀浆液分为三层,即:无色的上清液、白色的中间蛋白层及有色的下层有机相。吸取上清液转移至另一离心管中(切忌吸出白色中间层)。

(7)向上清液中加入等体积的异丙醇,充分混匀,室温静置 10 min。4 ℃,12 000 g 离心 10 min,试管底部出现沉淀。

(8)小心弃去上清液,缓慢地沿离心管壁加入预冷的 75%乙醇 1 mL(勿触及沉淀),轻轻上下颠倒洗涤离心管管壁,在 4 ℃条件下,12 000 g 离心 5 min,小心充分弃去乙醇。

(9)重复第8步。

(10)RNA的溶解:室温条件下干燥沉淀2 min~5 min(不可以离心或加热干燥,勿过分干燥)。加入适量的RNase-free水溶解沉淀(根据沉淀及RNA的量,可加入50 μL~80 μL RNase-free水),必要时可用移液枪轻轻吹打沉淀或置于55 ℃~60 ℃水溶10min至RNA完全溶解。

(11)RNA可进行mRNA分离,或置于−80 ℃超低温冰柜保存备用。

2. cDNA第一链合成

以20 μL反应体系为例,用于逆转录1 ng~5 μg总RNA。

(1)将以下组分加入到无核酸酶的微量离心管(0.2 mL)中,总体积12 μL。

Oligo(dT)$_{18}$Primer	1 μL
总RNA	2 μg(按总RNA浓度加样,总量勿超过10 μL)
10 mmol·L^{-1} dNTP Mixture	1 μL
RNase-free水	加至12 μL

(2) 上述混合物65 ℃加热5 min后,迅速置于冰上冷却。短暂离心后,加入以下组分:

5×第一链合成缓冲液	4 μL
0.1 mol·L^{-1}的DTT	2 μL
RNA酶抑制剂	1 μL

(3)用移液枪在离心管中缓慢地将各种成分混合,并在37 ℃下孵育2 min。

(4)在室温下加入1 μL(200单位)M-MLV逆转录酶,轻轻地吹打混匀。

(5)37 ℃孵育50 min。

(6)70 ℃加热15 min以终止反应。

(7)第一链合成的反应液可直接用于cDNA第二链合成,也可直接作为PCR反应的模板使用。

3. cDNA第二链合成

(1)取第一链反应液20 μL,再依次加入下列试剂:

5×第二链缓冲液	30 μL
10 mmol·L^{-1} dNTP混合物	3 μL
RNase-free水	89 μL

(2)加入2 μL *E. coli* DNA Polymerase I和2 μL *E. coli* RNase H/*E. coli* DNA Ligase Mixture,轻微搅拌。

(3)16 ℃反应2 h(如需合成长于3 kb的cDNA,则需延长至3 h~4 h)。

(4)70 ℃加热10 min,低速离心后置冰上。

(5)加入4 μL T4 DNA Polymerase,轻轻搅拌,37 ℃反应10 min。

(6)加入15 μL 0.25 moL的EDTA(pH 8.0)以及15 μL 10%SDS溶液搅拌,停止反应。

4. 合成的cDNA精制

(1)反应停止后反应液总体积为180 μL,加入等量体积的苯酚/氯仿/异戊醇(25∶24∶1)

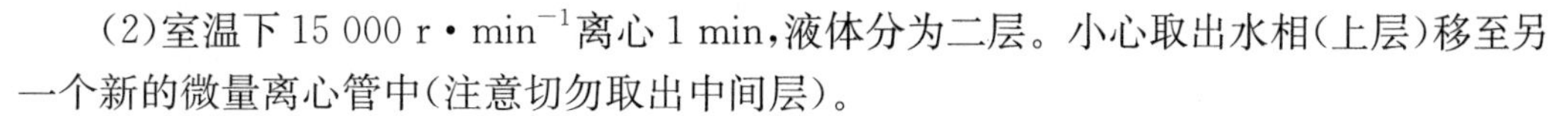

溶液，剧烈振荡 5 s～10 s 混合。

(2)室温下 15 000 r·min^{-1}离心 1 min，液体分为二层。小心取出水相(上层)移至另一个新的微量离心管中(注意切勿取出中间层)。

(3)向水相中加入等量(180 μL)的氯仿/异戊醇(24∶1)溶液，剧烈振荡 5 s～10 s 混合。

(4)室温下 15 000 r·min^{-1}离心 1 min，液体分为二层。小心取出水相(上层)移至另一个新的微量离心管中。

(5)加入 60 μL 的 10 mol·L^{-1}醋酸铵。

(6)加入 25 倍体积的冷乙醇(约 600 μL)，充分混匀。

(7)−20 ℃放置 30 min 后，4 ℃下 15 000 r·min^{-1}离心 15 min，除去上清液。

(8)75%乙醇清洗，离心 2 min，弃上清液。

(9)小心移去上清液，干燥沉淀。

(10)将沉淀溶于 10 μL～20 μL TE 缓冲液中，置于−20 ℃或−80 ℃低温长期保存。

【注意事项】

1. 总 RNA 提取时，应严格防范 RNA 酶的污染。器材须在 160 ℃干热灭菌 2 h 以上或用 RNase-free 水(含 0.1%的 DEPC)溶液在 37 ℃下处理 12 h 以上后经高温高压灭菌后使用。

2. 所有配制的试剂尽可能用 0.1%的 DEPC 进行处理，并在高压灭菌或过滤除菌处理后使用。

3. 做 RNA 实验的器材必须和一般实验器材严格分开。所有试剂配制和实验操作均使用一次性塑料手套和口罩进行。

4. DEPC 与氨水溶液混合会产生致癌物，使用时需小心。

5. 在 RNA 提取完后应检测其纯度和浓度，用紫外分光光度计测定 A_{260}/A_{280} 的值，质量较好的 RNA 的 R 值应在 1.8～2.2。

【思考题】

1. 如何确定 RNA 提取的质量？

2. RNA 是否具有组织特异性？在不同脏器中提取的 RNA 是否相同，为什么？

3. 制备 cDNA 的常用方法有哪些？操作过程中需要注意哪些事项？

实验三十一 酶的特性

【实验目的】

1. 巩固对酶的性质的认识。

2. 了解研究酶的性质的一些实验方法。

一、温度对酶活力的影响

【实验原理】

温度对酶的催化活力有很大的影响。在最适温度下,酶的反应速度最高。大多数动物酶的最适温度为 37 ℃～40 ℃,植物酶的最适温度为 40 ℃～50 ℃,有些细菌酶的最适温度可达 70 ℃。

酶对温度的稳定性与其存在形式有关。酶在干燥状态下比在潮湿状态下对温度的耐受力要高。有些酶的干燥制剂,就算加热到 100 ℃,其活性也无明显改变,但在 100 ℃的溶液中却很快地完全失去活性。通常低温能降低或抑制酶的活性,但不能使酶失活,一旦温度适宜,酶也会全部或部分地恢复其活性。

【实验试剂及配制】

1. 0.2%淀粉的 0.3%氯化钠溶液 150 mL(需新鲜配制)

2. 稀释 50 倍的唾液 50 mL

用蒸馏水漱口,以清除食物残渣,再含一口蒸馏水,半分钟后使其流入量筒并稀释 50 倍(稀释倍数可根据各人唾液淀粉酶活性调整),混匀备用。

3. 碘化钾-碘溶液 50 mL

将碘化钾 20 g 及碘 10 g 溶于 100 mL 水中。使用前稀释 10 倍。

【实验器材】

试管及试管架;恒温水浴器;点滴板。

【实验操作】

在不同温度下,淀粉被唾液淀粉酶水解的程度,可由水解混合物遇碘呈现的颜色来判断。

	淀粉 →	红色糊精 →	无色糊精 →	麦芽糖 →	葡萄糖
遇碘显示:	蓝紫色	红色	不显色	不显色	不显色

取 4 支试管,编号后按表 3-21 加入试剂。

水浴 10 min 后取出,用碘化钾-碘溶液来检验 1,2,3,4 号管内淀粉被唾液淀粉酶水解的程度,记录并解释结果。将 4 号管放入 37 ℃水浴中继续保温 10 min 后,再加碘化钾-碘溶液,结果如何? 并解释。

表 3-21　温度对酶活力的影响实验加样操作步骤

试剂	1	2	3	4
淀粉溶液/mL	1.5	1.5	1.5	1.5
稀释唾液/mL	1	1	—	1
煮沸后的稀释唾液/mL	—	—	1	—
摇　匀				
水浴温度/℃	37	0	37	0

二、pH 对酶活性的影响

【实验原理】

大部分酶的活力受环境 pH 的影响极为显著。通常各种酶只有在一定的 pH 范围内才能表现出它的活性。一种酶活性最高时的 pH 称为该酶的最适 pH。高于或低于最适 pH 时，酶活性降低。酶的最适 pH 受酶的纯度、底物的种类和浓度、缓冲液的种类和浓度以及环境温度等各种影响。不同酶的最适 pH 不同。本实验观察 pH 对唾液淀粉酶活性的影响。唾液淀粉酶的最适 pH 约为 6.8。

【实验试剂】

新配制的溶于 0.3%氯化钠的 0.5%淀粉溶液 250 mL；稀释 50 倍的新鲜唾液 100 mL；0.2 mol・L^{-1}磷酸氢二钠溶液 600 mL；0.1 mol・L^{-1}柠檬酸溶液 400 mL；碘化钾-碘溶液 50 mL；pH 5，pH 5.8，pH 6.8，pH 8 的 4 种缓冲溶液。

【实验器材】

试管及试管架；吸管；滴管；50 mL 锥形瓶；恒温水浴器；点滴板。

【实验操作】

1. 配制 4 种不同 pH 的缓冲溶液(如表 3-22 所示)

表 3-22　4 种不同 pH 缓冲溶液制备

锥形瓶号码	0.2 mol・L^{-1}磷酸氢二钠/mL	0.1 mol・L^{-1}柠檬酸/mL	pH
1	5.15	4.85	5.0
2	6.05	3.95	5.8
3	7.72	2.28	6.8
4	9.72	0.28	8.0

2. 观察不同 pH 对唾液淀粉酶活性的影响

从 4 个锥形瓶中各取缓冲液 3 mL，分别注入 4 支带有号码的试管中，随后向每个试管中添加 0.5%淀粉溶液 2 mL 和稀释 50 倍的唾液 2 mL。置于 37 ℃恒温水浴中保温。每隔 1 min 由第 3 号管取出 1 滴混合液，置于点滴板上，加 1 小滴碘化钾-碘溶液，检验淀粉的水解程度。待混合液变为棕黄色时，向所有试管依次添加 1 滴～2 滴碘化钾-碘溶液。观察各试管内容物呈现的颜色，分析 pH 对唾液淀粉酶活性的影响。

三、唾液淀粉酶的活化和抑制

【实验原理】

凡能提高酶活性的物质称为酶的活化剂；凡使酶活力下降，但并不引起酶蛋白变性

的物质称为酶的抑制剂。氯离子为唾液淀粉酶的活化剂，铜离子为其抑制剂，不同的酶对不同的离子具有不同的效应。

【实验试剂】

0.1%淀粉溶液 150 mL；稀释 50 倍的新鲜唾液 150 mL；1%氯化钠溶液50 mL；1%硫酸铜溶液 50 mL；1%硫酸钠溶液 50 mL；碘化钾-碘溶液 100 mL。

【实验器材】

恒温水浴器；试管及试管架。

【实验操作】

具体操作步骤如表 3-23 所示。

表 3-23　唾液淀粉酶的活化和抑制实验加样操作步骤

试剂	1	2	3	4
0.1%淀粉溶液/mL	1.5	1.5	1.5	1.5
稀释唾液/mL	0.5	0.5	0.5	0.5
1%硫酸铜溶液/mL	0.5	—	—	—
1%氯化钠溶液/mL	—	0.5	—	—
1%硫酸钠溶液/mL	—	—	0.5	—
蒸馏水/mL	—	—	—	0.5
	37 ℃恒温水浴，保温 10 min			
碘化钾-碘溶液/滴	2～3	2～3	2～3	2～3
现　象				

注：保温时间可根据各人唾液淀粉酶活力调整。

根据实验现象解释结果，说明本实验第 3 号管的意义。

四、酶的专一性

【实验原理】

酶具有高度的专一性。即一种酶只能对一种底物或一类底物(此类底物在结构上通常具有相同的化学键)起催化作用，对其他底物无催化作用。本实验以唾液淀粉酶和蔗糖酶对淀粉和蔗糖的作用为例，来说明酶的专一性。

淀粉和蔗糖无还原性，唾液淀粉酶水解淀粉生成有还原性的麦芽糖，但不能催化蔗糖的水解。蔗糖酶能催化蔗糖水解产生还原性葡萄糖和果糖，但不能催化淀粉的水解。用 Benedict 氏试剂检查糖的还原性。

【实验试剂及配制】

1. 2%蔗糖溶液 150 mL
2. 溶于 0.3%氯化钠的 1%淀粉溶液 150 mL
3. 稀释 50 倍的新鲜唾液 100 mL
4. 蔗糖酶溶液 100 mL

将啤酒厂的鲜酵母用蒸馏水洗涤 2～3 次(离心法)，然后放在滤纸上自然干燥。取干酵母 100 g 置于乳钵内，添加适量蒸馏水及少量细砂，用力研磨提取约 1 h，再加蒸馏水使总体积约为原体积的 10 倍。离心，将上清液保存于冰箱中备用。

5. Benedict 氏试剂 200 mL

无水硫酸铜 1.74 g 溶于 100 mL 热蒸馏水中，冷却后稀释至 150 mL。取柠檬酸钠 173 g、无水碳酸钠 100 g 和 600 mL 蒸馏水共热，溶解后冷却并加蒸馏水至 850 mL。再将冷却的 150 mL 硫酸铜溶液倾入其中，混合均匀。本试剂可长久保存。

【实验器材】

恒温水浴器；沸水浴；试管及试管架。

【实验操作】

淀粉酶及蔗糖酶的专一性测定如表 3-24 所示。

表 3-24　淀粉酶与蔗糖酶专一性实验加样操作步骤

试剂	1	2	3	4	5	6
1%淀粉溶液/滴	4	—	4	—	4	—
2%蔗糖溶液/滴	—	4	—	4	—	4
稀释唾液/mL	—	—	1	1	—	—
煮沸过的稀释唾液/mL	—	—	—	—	1	1
蔗糖酶溶液/mL	—	—	1	1	—	—
煮沸过的蔗糖酶溶液/mL	—	—	—	—	1	1
蒸馏水/mL	2	2	—	—	—	—
37 ℃恒温水浴 15 min						
Benedict 氏试剂/mL	1	1	1	1	1	1
沸水浴 2 min～3 min						
现　　象						

根据实验现象解释实验结果(提示:唾液中除含淀粉酶外还含有少量麦芽糖酶)。

【注意事项】

在本实验中应严格注意酶促反应的条件。

【思考题】

1. 为什么最适温度不是一个物理常数？最适 pH 是否为一个常数？
2. 何谓酶的抑制剂？它与酶的变性剂有何区别？

实验三十二　米氏常数 K_m 的测定

【实验目的】

学习测定蔗糖酶米氏常数 K_m 的方法。

【实验原理】

底物浓度和酶反应速度之间的关系如图 3-9 所示。

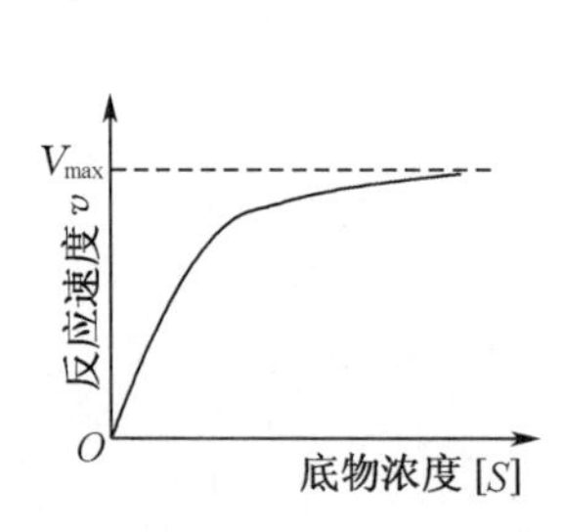

图 3-9　底物浓度和酶反应速度的关系

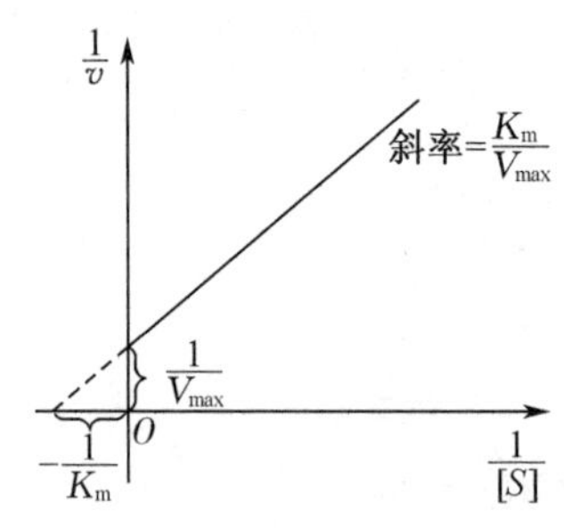

图 3-10　双倒数图

从图 3-9 可看出，当底物浓度很低时，反应速度随底物浓度的增加而迅速地增加，当底物浓度继续增加时，反应速度会继续加快，但增加的速度变慢，当底物达到充分高的浓度时，反应速度趋向于恒定，不再随底物浓度的增加而增加。也就是说，当所有的酶分子被底物饱和后，反应速度即可达到最大。

Michaelis 和 Menten 首先定量地描述了这种酶反应速度和底物浓度之间的关系：

$$v=\frac{V_{max}[S]}{K_m+[S]}$$

这就是米氏方程表达式。其中 v 代表反应速度，V_{max} 表示最大反应速度，K_m 是米氏常数，[S]指底物浓度。从方程式可以看出，当 $v=0.5\ V_{max}$ 时，方程可写为：$[S]=K_m$，也就是说，K_m 等于反应速度达到最大速度一半时的底物浓度。Lineweaver 和 Burk 将米氏方程改写为倒数形式，即：

$$\frac{1}{v}=\frac{K_m}{V_{max}[S]}+\frac{1}{V_{max}}$$

这样如以反应速度的倒数对相应的底物浓度的倒数作图，即 $\frac{1}{v}$ 对 $\frac{1}{[S]}$ 作图，应得到一条直线，如图 3-10 所示。

直线的斜率为 $\frac{K_m}{V_{max}}$，直线在 $\frac{1}{v}$ 轴上的截距为 $\frac{1}{V_{max}}$，在 $\frac{1}{[S]}$ 轴上的截距为 $-\frac{1}{K_m}$，不同的酶有不同的 K_m 值，对同一种酶来说，若底物不同，K_m 值也不同。大多数纯酶的 K_m 在 $0.01\ mol \cdot L^{-1} \sim 100\ mol \cdot L^{-1}$。

蔗糖酶催化蔗糖水解为葡萄糖和果糖。在 3，5-二硝基水杨酸(DNS)存在下，葡萄糖与该试剂反应产生橘红色的物质。所呈颜色的深浅与单糖的量成比例，可在 530 nm 波长下测定。在实验中，我们以 $A_{530\ \mathrm{nm}}$ 代表反应速度，以 $\frac{1}{A_{530\ \mathrm{nm}}}$ 对 $\frac{1}{[S]}$ 作图即可求出 K_m 和 V_{max}。

【实验试剂及配制】

1. 酵母粉

2. 甲苯

3. 醋酸钠

4. 4 mol·L^{-1}醋酸溶液

将 40 mL 浓冰醋酸(17 mol·L^{-1})加蒸馏水稀释到 170 mL。

5. 1 mol·L^{-1}氢氧化钠溶液

6. 0.1 mol·L^{-1} pH 4.6 醋酸缓冲液

A 液(0.2 mol·L^{-1}醋酸溶液)：将 11.55 mL 的冰醋酸用蒸馏水稀释到1 000 mL。

B 液(0.2 mol·L^{-1}醋酸钠溶液)：将 16.4 g 醋酸钠溶于大约 100 mL 蒸馏水中，并加蒸馏水稀释到 1 000 mL(注：若使用含 3 分子结晶水的醋酸钠，需把27.2 g醋酸钠溶于蒸馏水并加蒸馏水到 1 000 mL)。

临用前将 255 mL A 液和245 mL B 液混合，并加蒸馏水到 1 000 mL。

7. 0.1 mol·L^{-1}蔗糖溶液

用 0.1 mol·L^{-1} pH 4.6 醋酸缓冲液制备。

8. 3,5-二硝基水杨酸(DNS)

9.3 g 3,5-二硝基水杨酸溶于 262 mL 2 mol·L^{-1}氢氧化钠溶液中。将此溶液与 500 mL 含有 182 g 酒石酸钾钠的热溶液混合。向该溶液中再加入 5 g 重蒸酚和 5 g 亚硫酸钠，充分搅拌使之溶解，待溶液冷却后，用蒸馏水稀释到 1 000 mL。储存于棕色瓶中(需要在冰箱中放置 1 周后方可使用)。

【实验器材】

试管及试管架；吸量管(1 mL，2 mL)；500 mL 烧杯；三角瓶(50 mL，100 mL)；温度计；恒温水浴器；分光光度计。

【实验操作】

1. 蔗糖酶的制备

(1) 方法一

称取 10 g 酵母粉，放入 100 mL 的三角瓶内，把三角瓶放在 30 ℃水浴中，不断搅拌并加入 5 mL 甲苯。35 min～40 min 后，团块液化，加入 30 mL 蒸馏水，充分混合后将三角瓶放在 30 ℃温箱中过夜。次日，3 500 r·min^{-1}离心 20 min。

离心后，管内样品分为 3 层，在中层的透明液体即为酶抽提液。使用时稀释 50 倍即可。此方法得到的蔗糖酶纯度较低，含有其他的酶，但由于该酶对其作用底物的专一性，即使有其他酶的存在，也不会影响实验结果。

(2) 方法二

① 称取 10 g 酵母粉，放入 50 mL 三角瓶内。

② 加入 0.8 g 醋酸钠，在室温下搅拌 15 min～20 min，使酵母液化。

③ 加入 1.5 mL 甲苯，用一个软木塞塞住瓶口。

④ 振荡 10 min 后，把三角瓶放于 37 ℃温箱中保温 50 h～60 h。

⑤ 加入 1.6 mL 4 mol·L^{-1}醋酸和 5 mL 蒸馏水，使溶液的 pH 达 4.5 左右。

⑥ 3 500 r·min^{-1}离心 30 min。

⑦ 离心后，管内液体分为 3 层，在中层的透明液体即为蔗糖酶，吸出并保存于适当的瓶子中备用。

⑧ 使用前，将酶液稀释 50 倍。

2. 蔗糖酶 K_m 的测定

(1) 取 12 支试管，分别编号。

(2) 按表 3-25 顺序向每支试管中加入试剂。

表 3-25　蔗糖酶催化蔗糖水解反应加样操作步骤

管号	0.1 mol·L^{-1} 蔗糖/mL	醋酸缓冲液/mL	酶抽提液/mL	备注	1 mol·L^{-1} NaOH/mL
1	0.00	2.00	2		0.5
2	0.20	1.80	2		0.5
3	0.25	1.75	2		0.5
4	0.30	1.70	2		0.5
5	0.35	1.65	2	试剂加入后，立即混合，将试管放入 37 ℃水浴中精确保温 10 min	0.5
6	0.40	1.60	2		0.5
7	0.50	1.50	2		0.5
8	0.60	1.40	2		0.5
9	0.80	1.20	2		0.5
10	1.00	1.00	2		0.5
11	1.50	0.50	2		0.5
12	2.00	0.00	2		0.5

注：① 酶与底物反应的时间为 10 min，因此，以 2 min 的时间间隔向每支试管中加入酶液，确保每支试管中反应时间相等；

② 加入碱是为了终止酶的反应，所以也应以同样的时间间隔加入。

(3) 另取 12 支试管，对应编号。从表 3-25 所示各试管中依次吸出 0.5 mL 溶液放入对应试管中。向这些试管中分别加入 1.5 mL DNS 试剂，混合均匀，再依次加入1.5 mL 蒸馏水，把这些试管置于沸水浴中加热煮沸 10 min，然后放在一个盛有冷水的烧杯中冷却。

(4) 加蒸馏水将每支试管中的内容物稀释到 25 mL(此步操作在 50 mL 三角瓶中进行)，充分混合后，于 530 nm 波长下测定 A 值。并按表 3-26 记录各试管的 A 值和[S]值。

(5) 计算$\frac{1}{[S]}$和$\frac{1}{A}$，并填在表 3-26 中。

(6) 以$\frac{1}{A}$对$\frac{1}{[S]}$作图，应得到一直线。

(7) 由图求 K_m 值。

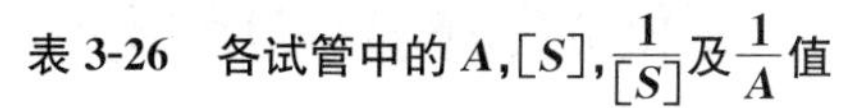
表 3-26　各试管中的 A,$[S]$,$\frac{1}{[S]}$及$\frac{1}{A}$值

管号	$[S]$	A	$\frac{1}{[S]}$	$\frac{1}{A}$
1	0.000 00		∞	
2	0.005 00		200.0	
3	0.006 25		160.0	
4	0.007 50		133.3	
5	0.008 75		114.3	
6	0.010 00		100.0	
7	0.012 50		80.0	
8	0.015 00		66.7	
9	0.020 00		50.0	
10	0.025 00		40.0	
11	0.037 50		26.7	
12	0.050 00		20.0	

【注意事项】

1. 酶和底物应预先分别保温数分钟。
2. 反应时间应准确把握。

【思考题】

1. K_m值的物理意义是什么？为什么要用酶反应的初速度计算 K_m 值？
2. 本实验是采用何种方法计算 K_m 值的？

实验三十三　尿液淀粉酶活力测定(Winslow 法)

【实验目的】

掌握酶活力的测定方法。

【实验原理】

酶活力即酶活性,是指酶催化一定化学反应的能力。

临床上通常用 Winslow 法测定尿或血清中淀粉酶活力。该法对淀粉酶活性单位的规定是:在 37 ℃,30 min,恰好能水解 0.1%淀粉溶液 1 mL(指加入碘液后不再呈蓝色或红色)的酶量定为一个活力单位。

【实验试剂及配制】

1. 0.9%氯化钠溶液
2. 0.1%淀粉溶液
3. 碘化钾-碘溶液

20 g 碘化钾和 10 g 碘溶于 100 mL 水中,使用前稀释 10 倍。

【实验器材】

移液管;试管;恒温水浴器。

【实验操作】

1. 取 1 支试管标记为 1 号,往此试管内加尿液 1 mL(若尿液中淀粉酶过多,应预先将尿液适当稀释)、0.9%氯化钠 1 mL。用移液管反复吸放混合溶液 3 次,使全管混匀。

2. 再取 9 支试管,分别标号为 2 号～10 号,每管中各加 0.9%氯化钠溶液 1 mL。

3. 从 1 号试管中吸出 1 mL 到 2 号试管中,混匀;再从 2 号试管中吸出 1 mL 到 3 号试管……以此类推。到 9 号试管则吸出 1 mL 弃之。这样即可获得分别含有尿液$\frac{1}{2}$,$\frac{1}{4}$,$\frac{1}{8}$,…,$\frac{1}{512}$ mL 的不同浓度的尿稀释液,10 号试管不加尿液作为对照管。

4. 将 1 号～10 号试管置冰水浴中,然后从 10 号试管起依次迅速准确加入0.1%淀粉液 1 mL。迅速摇匀。立即从冰水中取出,置 37 ℃水浴,并记录时间。注意保持水浴的温度。

5. 保温 30 min 后,取出各试管,迅速浸入冰水浴中冷却。然后向各试管中加稀碘液 2 滴摇匀。观察各试管的颜色。各试管中出现黄到蓝的色序。黄色表明无淀粉存在,浅红色到紫色表明有淀粉的水解中间产物,蓝色表明有淀粉或其初期水解产物存在。

6. 计算

选择黄色管中尿液稀释倍数最大的一支试管来计算。假设 5 号试管为黄色(从6 号试管起仍有红色或蓝色),已知 5 号试管内含尿液为$\frac{1}{32}$ mL,即$\frac{1}{32}$ mL 尿液能在 37 ℃,30 min 水解 0.1%淀粉 1 mL。所以,1 mL 尿液在同样条件下可水解 0.1%淀粉 32 mL,即每毫升尿液中所含淀粉酶的活性为 32 个活力单位。

【注意事项】

1 号～9 号试管内尿液的最终浓度呈递减趋势,10 号试管不加尿液。

【思考题】

实验中为何要在冰浴状态下加入淀粉液?

实验三十四　血清谷丙转氨酶(ALT)活性测定(改良 Mohun 法)

【实验目的】

1. 掌握血清谷丙转氨酶活性测定的基本原理。
2. 熟悉血清谷丙转氨酶活性测定的具体操作方法。
3. 了解血清谷丙转氨酶活性测定的临床意义。

【实验原理】

转氨酶在人体内氨基酸的代谢中占有重要地位。转氨酶有多种，即大多数氨基酸均有其特异的转氨酶，其中对谷丙转氨酶（ALT）和谷草转氨酶（AST）的研究最多。ALT 和 AST 广泛分布于人体各组织器官的细胞内，且活性很高，但正常人血清中这两种转氨酶活性却很低，说明在正常情况下，只有极少量从组织中释放至血浆中。当组织受损伤，造成细胞通透性增加乃至细胞坏死时，ALT 和 AST 活性可明显升高。因此 ALT 和 AST 活性测定已广泛应用于临床检验。

ALT 活性测定的方法很多，其中穆氏法（Mohun 法）原理如下：

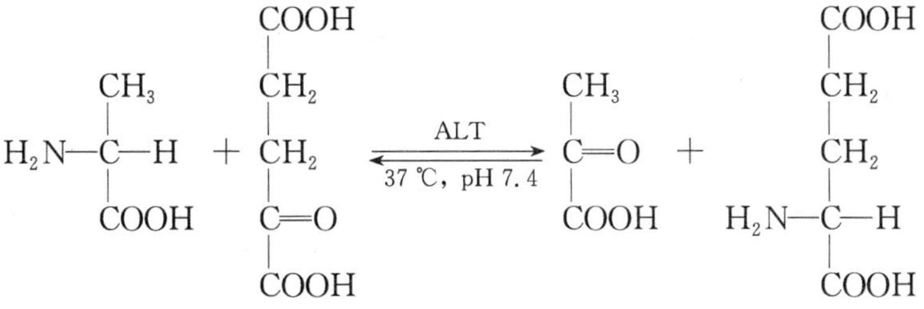

$$\text{L-丙氨酸} + \alpha\text{-酮戊二酸} \xrightleftharpoons[37\ ℃,\ pH\ 7.4]{ALT} \alpha\text{-丙酮酸} + \text{L-谷氨酸}$$

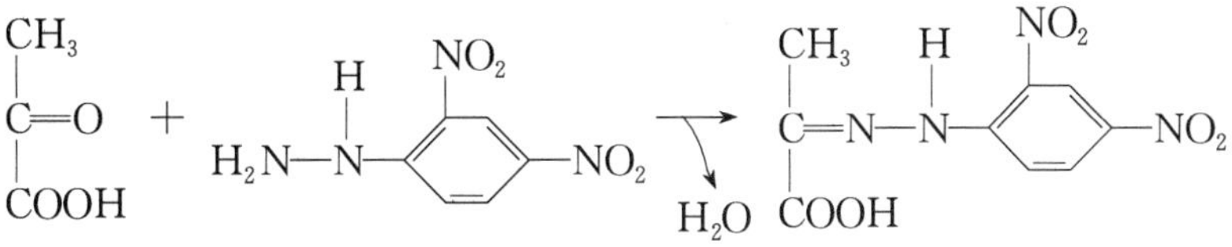

$$\alpha\text{-丙酮酸} + 2,4\text{-二硝基苯肼} \xrightarrow{-H_2O} \text{丙酮酸二硝基苯腙(黄色)}$$

$$\text{丙酮酸二硝基苯腙} \xrightarrow[-H_2O]{OH^-} \text{苯腙硝醌化合物(红棕色)}$$

Mohun 法单位定义是：每毫升血清在 pH 7.4，37 ℃条件下与底物作用30 min，每生成 2.5 μg 丙酮酸为 1 单位。

【实验试剂及配制】

1. 0.1 mol·L^{-1}磷酸盐缓冲液(pH 7.4)

2. 0.4 mol·L^{-1} NaOH 溶液

3. 1 mol·L^{-1} NaOH 溶液

4. 10 mol·L^{-1}盐酸溶液

5. ALT 底物液(pH 7.4)

称取 DL-丙氨酸 1.79 g,α-酮戊二酸 29.2 mg,先溶于 50 mL 磷酸盐缓冲液中,再以 1 mol·L^{-1} NaOH 溶液校正 pH 到 7.4,然后以磷酸盐缓冲液稀释至 100 mL 即成,冰箱保存。

6. 2,4-二硝基苯肼溶液

称取 2,4-二硝基苯肼 20 mg,溶于 10 mol·L^{-1}盐酸溶液 10 mL 中,以蒸馏水稀释至 100 mL。

7. 丙酮酸钠标准液

称取丙酮酸钠 20 mg,以少量磷酸盐缓冲液溶解后移入 100 mL 容量瓶,以磷酸盐缓冲液稀释至刻度。此溶液须用前新鲜配制。

【实验器材】

分光光度计;恒温水浴器;试管;移液管;容量瓶;量筒。

【实验操作】

1. 酶活性的测定步骤

取干燥洁净试管 4 支,注明测定管、空白管、标准管、标准空白管,按表 3-27 操作。

表 3-27　血清谷丙转氨酶活性测定加样操作步骤

试剂/mL	测定管(1)	测定空白管(2)	标准管(3)	标准空白管(4)
谷丙转氨酶底物液	0.5	—	0.5	0.5
	37 ℃水浴保温 5 min			
血 清	0.1	0.1	—	—
丙酮酸钠标准液(200 μg·mL^{-1})	—	—	0.1	—
磷酸盐缓冲液	—	—	—	0.1
	各管混匀后置 37 ℃水浴中,准确保温 30 min			
2,4-二硝基苯肼	0.5	0.5	0.5	0.5
谷丙转氨酶底物液	—	0.5	—	—
	混匀,37 ℃水浴中保温 20 min			
0.4 mol·L^{-1} NaOH 溶液	5.0	5.0	5.0	5.0

混匀各管,于 10 min 后在 30 min 内以 722 型分光光度计比色,波长 520 nm,用蒸馏水调零,分别读取各管吸光度。

2. 计算

$$谷丙转氨酶活性单位=\frac{A_{测定}-A_{测定空白}}{A_{标准}-A_{标准空白}}\times\frac{200\times0.1}{2.5}\times\frac{1}{0.1}$$

【注意事项】

1. 酶活性受多种因素的影响，在测定过程中应严格把握可能影响结果的各个环节，如酶促反应温度和反应时间等。

2. 在绘制标准曲线和测定样品时，均应设置对照管。

【思考题】

试分析影响实验结果的可能因素有哪些。

实验三十五　过氧化物酶的作用

【实验目的】

了解过氧化物酶的作用。

【实验原理】

过氧化物酶能催化过氧化氢释放新生氧以氧化某些酚类和胺类物质，例如氧化溶于水中的焦性没食子酸生成不溶于水的焦性没食子橙(橙红色)。

$$H_2O_2 \xrightarrow{\text{过氧化物酶}} H_2O + [O]$$

$$2\ \text{焦性没食子酸} \xrightarrow{[O]} \text{焦性没食子橙} + 2CO_2 + 2H_2O$$

焦性没食子酸　　焦性没食子橙

【实验试剂及配制】

1. 1%焦性没食子酸水溶液

焦性没食子酸 1 g，溶于 100 mL 蒸馏水中。

2. 2%过氧化氢溶液

3. 白菜梗提取液

白菜梗约 5 g，切成细块，置研钵内，加蒸馏水约 15 mL，研磨成浆，经棉花或纱布过滤，滤液备用。

4. 2%过氧化氢

【实验器材】

棉花或纱布；2 mL 吸管（×4）；皮头吸管；研钵；Φ 8 cm 漏斗（×1）；1.5 cm×15 cm 试管（×4）。

【实验操作】

取 4 支试管，按表 3-28 编号加入试剂。

表 3-28　过氧化物酶作用实验加样操作步骤

管号	1%焦性没食子酸/mL	2%过氧化氢/滴	蒸馏水/mL	白菜梗提取液/mL	煮沸的白菜梗提取液/mL
1	2	2	2	—	—
2	2	—	2	2	—
3	2	2	—	2	—
4	2	2	—	—	2

摇匀后，观察并记录各管的颜色变化。

【注意事项】

操作过程中要严格防止试剂污染。

【思考题】

过氧化物酶在哪些物质中含量较多？有何作用？

实验三十六　大蒜细胞 SOD 的提取与分离

【实验目的】

掌握超氧化物歧化酶的提取方法。

【实验原理】

超氧化物歧化酶(SOD)是一种具有抗氧化、抗衰老、抗辐射和消炎作用的药用酶。它可催化超氧负离子(O_2^-)进行歧化反应,生成氧和过氧化氢:

$$2O_2^- + 2H^+ = O_2 + H_2O_2$$

大蒜蒜瓣和悬浮培养的大蒜细胞中含有较丰富的 SOD,组织或细胞破碎后,可用 pH 7.8 的磷酸缓冲液提取。由于 SOD 不溶于丙酮,可用丙酮将其沉淀析出。

【实验试剂及配制】

1. 新鲜蒜瓣
2. 大蒜细胞(通过细胞培养技术获得)
3. 0.05 $mol \cdot L^{-1}$磷酸缓冲液(pH 7.8)
4. 氯仿-乙醇混合溶剂

氯仿∶无水乙醇=3∶5(V∶V)。

5. 丙酮

用前冷却至 4 ℃～10 ℃。

6. 0.05 $mol \cdot L^{-1}$碳酸盐缓冲液(pH 10.2)
7. 0.1 $mol \cdot L^{-1}$EDTA 溶液
8. 2 $mol \cdot L^{-1}$肾上腺素溶液

【实验器材】

研磨器;离心机;水浴器;小试管。

【实验操作】

1. 组织或细胞破碎

称取 5 g 左右大蒜蒜瓣或大蒜细胞,置于研磨器中研磨,使组织或细胞破碎。

2. SOD 的提取

将上述破碎的组织或细胞,加入 2～3 倍体积的 0.05 $mol \cdot L^{-1}$ pH 7.8 磷酸缓冲液,继续研磨搅拌 20 min,使 SOD 充分溶解到缓冲液中,然后5 000 $r \cdot min^{-1}$离心 15 min,弃沉淀,得提取液。

3. 除杂蛋白

向提取液中加入 0.25 倍体积的氯仿-乙醇混合溶剂搅拌 15 min,5 000 $r \cdot min^{-1}$离心 15 min,去杂蛋白沉淀,得粗酶液。

4. SOD 的沉淀分离

将上述粗酶液加入等体积的冷丙酮,搅拌 15 min,5 000 $r \cdot min^{-1}$离心 15 min,得 SOD 沉淀。

将 SOD 沉淀溶于 0.05 $mol \cdot L^{-1}$ pH 7.8 磷酸缓冲液中,于 55 ℃～60 ℃热处理 15 min,离心弃沉淀,得到 SOD 酶液。

将上述提取液、粗酶液和酶液分别取样，测定各自的SOD活力。

5. SOD活力测定

取3支小试管，按表3-29所示分别加进各种试剂和样品液。

表3-29　SOD活力测定加样操作步骤

试剂/mL	空白管	对照管	样品管
碳酸盐缓冲液	5.0	5.0	5.0
EDTA溶液	0.5	0.5	0.5
蒸馏水	0.5	0.5	—
样品液	—	—	0.5
		混合均匀，30 ℃水浴预热5 min	
肾上腺素溶液	—	0.5	0.5

在加入肾上腺素前，充分摇匀并在30 ℃水浴中预热5 min至恒温。加入肾上腺素（空白管不加）继续保温反应2 min，然后立即测定各管在480 nm处的吸光度。对照管与样品管的吸光度分别为$A_{对照}$和$A_{样品}$。

在上述条件下，SOD抑制肾上腺素自氧化的50%所需的酶量定义为一个酶活力（单位）。即：

$$酶活力（单位）=\frac{2\times(A_{对照}-A_{样品})\times N}{A_{对照}}$$

式中：N为样品稀释倍数；2为抑制肾上腺素自氧化的50%的换算系数（100%/50%）。

若以每毫升样品液的单位数表示，则按下式计算：

$$酶活力（单位）/mL=\frac{2\times(A_{对照}-A_{样品})\times N}{A_{对照}}\times\frac{V}{V_1}=\frac{26\times(A_{对照}-A_{样品})\times N}{A_{对照}}$$

式中：V为反应液体积（6.5 mL）；V_1为样品液体积（0.5 mL）。

最后，根据提取液、粗酶液和酶液的酶活力和体积，计算收得率。

【注意事项】

在用丙酮沉淀SOD时，温度不宜过高，否则容易引起酶的变性失活，而且沉淀析出后要尽快分离，尽量减少有机溶剂的影响。

【思考题】

举出几种常用于分离提纯的有机溶剂，并说明有机溶剂沉淀分离物质时应注意哪些问题。

实验三十七 氨基酸的分离鉴定——纸层析

【实验目的】

1. 通过氨基酸的分离,学习纸层析法的基本原理及操作方法。

2. 掌握氨基酸纸层析法的操作技术(点样、平衡、展层、显色、鉴定)。

【实验原理】

纸层析法是用滤纸作为惰性支持物的分配层析法。层析溶剂由有机溶剂和水组成。

物质被分离后在纸层析图谱上的位置是用R_f(比移)的值来表示的:

$$R_f=\frac{原点到层析点中心的距离}{原点到溶剂前沿的距离}$$

在一定的条件下某种物质的R_f值是常数。R_f值的大小与物质的结构、性质、溶剂系统、层析滤纸的质量和层析温度等因素有关。本实验利用纸层析分离氨基酸。

【实验试剂及配制】

1. 扩展剂

是4份水饱和的正丁醇和1份醋酸的混合物。将20 mL正丁醇和5 mL冰醋酸放入分液漏斗中,与15 mL水混合,充分振荡,静置后分层,放出下层水层。取漏斗内的扩展剂约5 mL静置于烧杯中作平衡溶剂,其余的倒入培养皿中备用。

2. 氨基酸溶液

0.5%的赖氨酸、脯氨酸、缬氨酸、苯丙氨酸、亮氨酸溶液及它们的混合液(各组分浓度为0.5%)。

3. 显色剂

0.1%水合茚三酮正丁醇溶液。

【实验器材】

层析缸;毛细管;喷雾器;培养皿;层析滤纸(新华1号)。

【实验操作】

1. 将盛有平衡溶剂的小烧杯置于密闭的层析缸中。

2. 取层析滤纸(长22 cm,宽11 cm)一张。在纸的一端距边缘2 cm~3 cm处用铅笔画一条直线,在此直线上每间隔2 cm做一记号(如图3-11所示)。

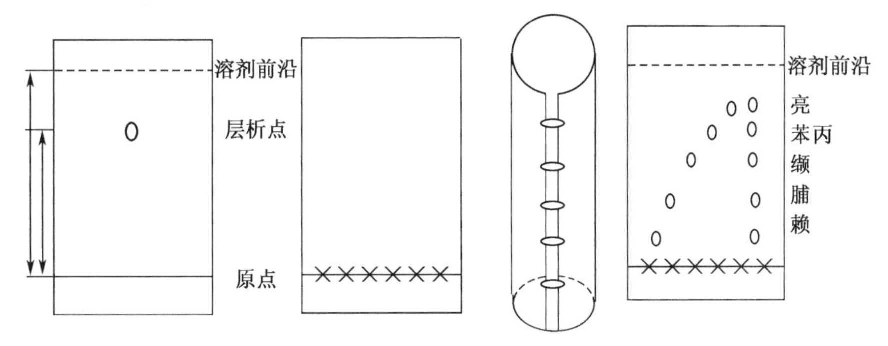

图3-11 纸层析示意图

3. 点样

用毛细管将各氨基酸样品分别点在这6个位置上，干后再点一次。每点在纸上扩散的直径最大不超过3 mm。

4. 扩展

用线将滤纸缝成筒状，纸的两边不能接触。将盛有约20 mL扩展剂的培养皿迅速置于密闭的层析缸中，并将滤纸直立于培养皿中（点样的一端在下，扩展剂的液面需低于点样线1 cm）。待溶剂上升15 cm～20 cm时即取出滤纸，用铅笔描出溶剂前沿界线，自然干燥或用吹风机吹干。

5. 显色

用喷雾器均匀喷上0.1%水合茚三酮正丁醇溶液，然后置烘箱中烘烤5 min（100 ℃）或用热风吹干即可显出各层析斑点。

6. 计算各种氨基酸的 R_f 值

【注意事项】

1. 切勿用手直接接触滤纸和显色剂。
2. 点样过程中必须在第一滴样品干后再点第二滴。
3. 使用的溶剂系统需新鲜配制，并要摇匀。
4. 点样斑点不能太大（直径应小于3 mm），防止层析后氨基酸斑点过度扩散和重叠，且吹风温度不宜过高，否则斑点会变黄。

【思考题】

1. 何谓纸层析法？
2. 何谓 R_f 值？影响 R_f 值的主要因素是什么？
3. 怎样制备扩展剂？
4. 层析缸中平衡溶剂的作用是什么？

实验三十八　离子交换层析分离混合氨基酸

【实验目的】

学习用阳离子交换树脂柱分离氨基酸的操作方法和基本原理。

【实验原理】

有些高分子物质含有一些可以解离的基团，例如—SO_3H，—COOH 等，因此可以和溶液中的离子发生交换反应，如：

$$R—SO_3H + M^+ \rightleftharpoons R—SO_3M + H^+$$

或

$$R—SO_3OH + Cl^- \rightleftharpoons R—SO_3Cl + OH^-$$

这类高分子物质统称离子交换剂，其中使用最普遍的是离子交换树脂。由于一定离子交换剂对于不同离子的静电引力不同，因此在洗脱过程中，不同的离子在离子交换柱上的迁移速度也不同，最后完全分离。

本实验采用磺酸型阳离子交换树脂（732 型）分离酸性氨基酸天冬氨酸（Asp，pI＝2.97）和碱性氨基酸赖氨酸（Lys，pI＝9.74）的混合液。在 pH 5.3 条件下，因为 pH 低于 Lys 的 pI 值，Lys 可解离成阳离子结合在树脂上；Asp 可解离成阴离子，不被树脂吸附而流出层析柱。在 pH 12 条件下，因 pH 高于 Lys 的 pI 值，Lys 可解离成阴离子从树脂上被交换下来。这样，通过改变洗脱液的 pH，可使它们被分别洗脱而达到分离的目的。

【实验试剂及配制】

1. 树脂

磺酸型阳离子交换树脂（732 型）。

2. 洗脱液

（1）0.45 $mol \cdot L^{-1}$ 柠檬酸缓冲液（pH 5.3）。

（2）0.01 $mol \cdot L^{-1}$ NaOH 溶液（pH 12）。

3. 样品液

0.005 $mol \cdot L^{-1}$ Asp 和 Lys 的 0.02 $mol \cdot L^{-1}$ HCl 混合溶液。

4. 显色剂（三氯化钛-茚三酮溶液）

（1）醋酸缓冲液（pH 5.5）：无水醋酸钠 82 g，无水醋酸 25 mL，用水定容至 250 mL。

（2）乙二醇甲醚 750 mL，加入茚三酮 20 g，市售三氯化钛（$TiCl_3$，AR）1.7 mL，用醋酸缓冲液定容至 1 L。

【实验器材】

1 cm×20 cm 层析柱；吸管；试管；恒压洗脱瓶；部分收集器；搪瓷杯；电炉；分光光度计。

【实验操作】

1. 树脂的处理

关于市售树脂的处理及浮洗的方法参照有关手册。本实验采用处理好的树脂。

2. 装柱

层析柱垂直装好，关闭柱底出口，向柱内注入约 2 cm 高的 pH 5.3 的柠檬酸缓冲液。处理好的树脂放入烧杯内，加入 1 倍～2 倍体积的柠檬酸缓冲液并搅成悬浮状，沿柱壁装

柱。待树脂在柱底部沉积 2 cm～3 cm 时，打开柱底出口，继续加注树脂悬液，直至柱高8 cm 左右。

3. 平衡

接上恒流泵，用柠檬酸缓冲液平衡树脂，直至流出液 pH 与洗脱液 pH 相同。

4. 加样与洗脱

移去柱上的塞子，打开柱底出口，柱内液面流至树脂面时即关闭。用加样器吸取 0.5 mL 氨基酸混合液，沿柱壁加入柱中，打开柱底出口直至液面又与树脂面平。洗脱液清洗柱壁 2～3 次后，加入 2 cm～3 cm 高的柠檬酸缓冲液，接上恒流泵，调流速 0.5 mL·min^{-1}，开始洗脱。

5. 收集

柱流出液可用部分收集器收集，或用刻度试管人工收集，每管 3 mL，收集 5 管。

6. 改用高 pH 液洗脱并收集

管内缓冲液改为 pH 12 的 NaOH 溶液，收集流出液。方法同上。

7. 平衡

用柠檬酸缓冲液重新平衡树脂，以便下次使用。

8. 测定

各管编号，分别取 0.5 mL 收集液于干净试管中，加入 1 mL pH 5.3 的柠檬酸缓冲液，0.5 mL 茚三酮试剂，混匀后 100 ℃加热 25 min。冷却 5 min～10 min，加入 3 mL 60%乙醇溶液，摇匀后于 570 nm 处测定 A 值。绘制洗脱曲线。

9. 再生

层析柱使用几次后，需用 0.2 mol·L^{-1} NaOH 溶液洗涤，再用蒸馏水洗至中性后可重复使用。

【注意事项】

1. 在装柱时必须防止气泡、分层及柱子液面在树脂表面以下等现象发生。

2. 一直保持流速 10 滴·min^{-1}～12 滴·min^{-1}，并注意勿使树脂表面干燥。

【思考题】

1. 离子交换树脂用缓冲液平衡，为什么又用缓冲液冲洗？

2. 何谓氨基酸的离子交换？本实验采用的离子交换剂属于哪一种？

实验三十九　脯氨酸含量的测定

【实验目的】

1. 了解脯氨酸与植物逆境、衰老的关系。

2. 掌握脯氨酸测定原理和常规测定方法。

【实验原理】

在正常环境条件下，植物体内游离脯氨酸含量较低，但在逆境(干旱、低温、高温、盐渍等)及植物衰老时，植物体内游离脯氨酸含量可增加 10 倍～100 倍，并且游离脯氨酸积累量与逆境程度、植物的抗逆性有关。因此，测定植物体内游离脯氨酸的含量，在一定程度上可以判断逆境对植物的危害程度和植物对逆境的抵抗力。

在酸性条件下，脯氨酸与茚三酮反应生成稳定的红色缩合物，此缩合物在515 nm处有最大吸收峰，可以用分光光度法测定。

【实验试剂及配制】

1. 植物组织

2. 酸性茚三酮溶液

称取 1.25 g 茚三酮溶于 30 mL 冰醋酸和 20 mL 6 mol·L^{-1}磷酸溶液中，搅拌加热(低于 70 ℃)溶解，冷却后置棕色瓶中，4 ℃保存可使用 2 d～3 d。

3. 80%乙醇(分析纯)

4. 标准脯氨酸溶液

称取 10 mg 脯氨酸，用少量 80%乙醇溶解，蒸馏水定容至 100 mL(100 μg·mL^{-1})。再用蒸馏水稀释成 1.0,2.5,5.0,10.0,15.0,20.0 μg·mL^{-1}的系列溶液。

【实验器材】

分光光度计；恒温水浴器；大试管(1.8 cm×20 cm)；具塞刻度试管(20 mL)。

【实验操作】

1. 脯氨酸标准曲线制作

取 7 支具塞试管，分别加入各浓度的标准脯氨酸系列溶液 2 mL、冰醋酸2 mL、酸性茚三酮溶液 2 mL(如表 3-30 所示)，混匀后于沸水浴中加热 20 min，冷却后，以 0 号管为对照在 515 nm 波长下比色测定吸光度。以吸光度 $A_{515\ nm}$为纵坐标、脯氨酸含量为横坐标，绘制标准曲线。

表 3-30　脯氨酸标准曲线的制备操作步骤

管号	标准脯氨酸溶液/μg	冰醋酸/mL	酸性茚三酮溶液/mL	$A_{515\ nm}$
1	0.0	2	2	
2	1.0	2	2	
3	2.5	2	2	
4	5.0	2	2	
5	10.0	2	2	
6	15.0	2	2	
7	20.0	2	2	

2. 样品制定

(1) 称取0.2 g～0.5 g植物样品放入研钵中，用总量为10 mL的80％乙醇(少许)研磨成匀浆，将匀浆移入大试管并用剩余的80％乙醇洗研钵，试管加盖，黑暗下浸提1 h(样品为绿色叶片时，应加入少许活性炭)。

(2) 过滤上述提取液，并加1 g人造沸石振荡15 min，室温下3 000 $r \cdot min^{-1}$离心5 min。

(3) 取上清液2 mL，加入2 mL冰醋酸、2 mL酸性茚三酮溶液于大试管中，充分混匀，沸水浴加热20 min，冷却后在515 nm波长下测定吸光度。从标准曲线上查出待测样品中脯氨酸含量(μg)。

3. 结果计算

$$\text{单体质量样品的脯氨酸含量}/(\mu g \cdot g^{-1}) = \frac{c \times 5}{m}$$

式中：c为由标准曲线查得的待测样品脯氨酸含量，μg；m为植物样品质量，g；5为提取脯氨酸时80％乙醇体积(10 mL)与测定时所取样品液体积(2 mL)之比。

【注意事项】

标准曲线的制作与样品测定应同时进行，并用同一空白管调零点后比色。

【思考题】

1. 测定植物组织内游离脯氨酸有何意义？
2. 脯氨酸提取除用本实验方法外，还有何方法？测定时应做哪些改变？

实验四十　维生素 B_2 含量的测定

【实验目的】

1. 了解荧光法测定维生素 B_2 的原理，学会使用荧光光度计。

2. 掌握样品处理及测定方法。

【实验原理】

维生素 B_2（核黄素）是一种重要的水溶性维生素，广泛存在于动物中动物肝脏、鸡蛋、牛奶、豆类及绿色植物中。维生素 B_2 耐热，耐氧化，在空气中稳定，微溶于水。核黄素在 440 nm～500 nm 波长光照射下发生黄绿色荧光，在稀溶液中，其荧光强度与维生素 B_2 的浓度成正比，当加入氧化剂连二亚硫酸钠后，样品中的杂质和维生素 B_2 都被还原成无荧光物质。由还原前后的荧光差值可以测定维生素 B_2 的含量。

【实验试剂与配置】

1. 实验材料

生鲜牛乳。

2. 实验试剂

(1)连二亚硫酸钠($Na_2S_2O_4$)。

(2) 1 mol・L^{-1}、0.1 mol・L^{-1} HCl 溶液。

(3)0.1 mol・L^{-1} NaOH 溶液。

(4)维生素 B_2 标准溶液(0.5 mg・L^{-1})：吸取贮备液(25 mg・L^{-1}) 1 mL，用水稀释至 50 mL，现配现用。

【实验器材】

荧光分光光度计；容量瓶；烧杯；电炉；漏斗；滤纸等。

【实验操作】

1. 样品处理

称取 5 g～10 g 牛乳(维生素 B_2 含量以 5 μg～10 μg 为宜)于 100 mL 烧杯中，加入 0.1 mol・L^{-1} 盐酸 50 mL，放置灭菌锅中处理 30 min(或常压下加热水解)，冷却后用 0.1 mol・L^{-1} 氢氧化钠调至 pH 6.0，再立即用 1 mol・L^{-1} 盐酸调 pH 至 4.5，即可使杂质沉淀。将溶液移至 100 mL 容量瓶中，加水定容，过滤。

2. 样品测定

取 4 支试管，其中 2 支分别加入 10 mL 滤液和 1 mL 水，另 2 支分别加入 10 mL 滤液和 1 mL 维生素 B_2 标准液(0.5 mg・L^{-1})，分别测定荧光读数；再加入少量 $Na_2S_2O_4$ (20 mg)，将荧光淬灭后，再分别读数。每个处理重复三次。测定时仪器激发光波长 E_x 为 440 nm，荧光波长 E_m 为 525 nm。

3. 计算

$$维生素\ B_2/(\mathrm{mg/100g})=\frac{A_1-A_0}{A_2-A_0}\times\frac{\rho}{10}\times\frac{d}{m}\times100\%$$

式中 d：核黄素标准溶液浓度，mg・L^{-1}；

10：滤液体积，mL；

ρ:稀释倍数;

m:样品质量,g;

A_0:滤液加连二亚硫酸钠后的荧光读数;

A_1:滤液加水后的荧光读数;

A_2:滤液加维生素标准液后的荧光读数。

【注意事项】

(1)维生素 B_2 在碱性溶液中不稳定,加氢氧化钠时应边加边摇,防止局部碱性过强,破坏维生素 B_2。

(2)色素会吸收部分荧光,需用高锰酸钾氧化以除去色素。

(3)维生素 B_2 不易被中等氧化剂或还原剂破坏,但在 Fe^{2+} 存在条件下,维生素 B_2 易被过氧化氢破坏。

【思考题】

(1)维生素 B_2 在 pH 为 6～7 时荧光最强,但为何在酸性条件下测定?

(2)维生素 B_2 含量测定的方法有哪些?它们之间有什么区别?

实验四十一 维生素C含量的测定

【实验目的】

掌握用 2,6-二氯酚靛酚滴定法测定样品中维生素 C 的原理及方法。

【实验原理】

染料 2,6-二氯酚靛酚钠盐的水溶液呈蓝色，在酸性环境中呈玫瑰红色，当其被还原时，则变为无色。还原型抗坏血酸能还原 2,6-二氯酚靛酚钠盐，本身则氧化成脱氢抗坏血酸。

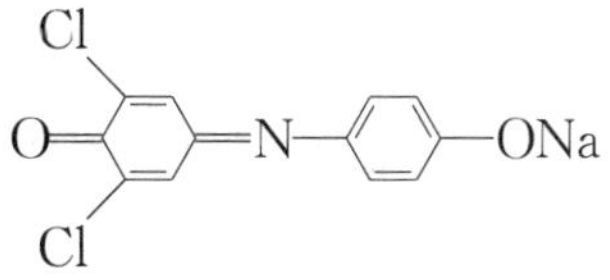

2,6-二氯酚靛酚钠盐（蓝色）

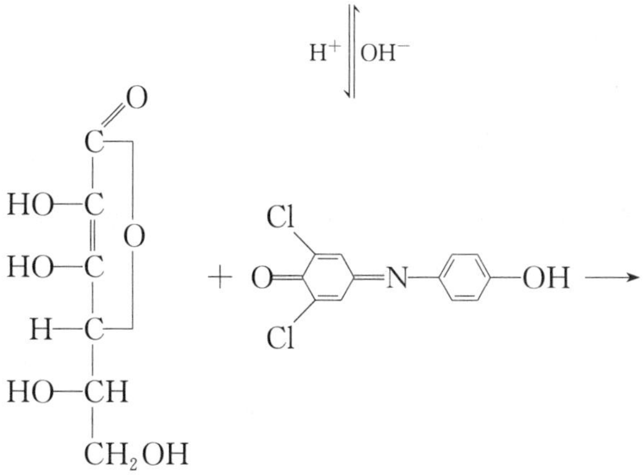

H^+ ⇌ OH^-

抗坏血酸（还原型） 2,6-二氯酚靛酚（玫瑰红色）（氧化型）

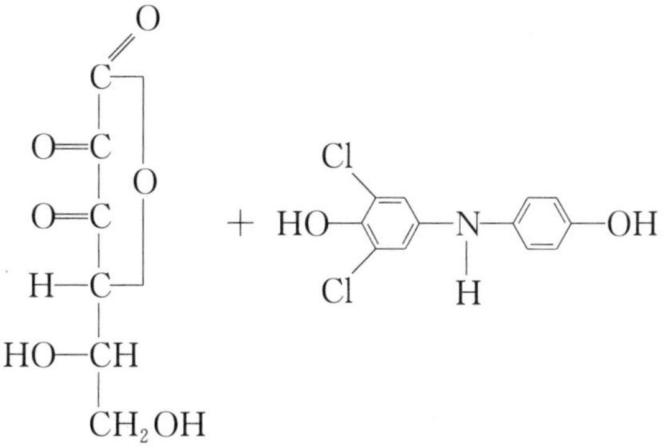

脱氢抗坏血酸（氧化型） 2,6-二氯酚靛酚（无色）（还原型）

因此，可用 2,6-二氯酚靛酚滴定样品中还原型抗坏血酸。当抗坏血酸全部被氧化后，稍多加一些染料，使滴定液呈淡红色，即为终点。如无其他杂质干扰，样品提取液所还原的标准染料量与样品中所含的还原型抗坏血酸量成正比。

【实验试剂及配制】

1. 松针、新鲜蔬菜（辣椒、青菜、西红柿等）、新鲜水果（柑橘、橙、柚等）

2. 2%草酸溶液

2 g 草酸，溶于 100 mL 蒸馏水。

3. 1%草酸溶液

1 g 草酸，溶于 100 mL 蒸馏水。

4. 标准抗坏血酸溶液

准确称取 50.0 mg 纯抗坏血酸，用 1%草酸溶液溶解，并稀释定容至 500 mL。置于棕色瓶内，冷藏，最好临用时配制。

5. 1% HCl 溶液

6. 0.1% 2,6-二氯酚靛酚溶液

溶 500 mg 2,6-二氯酚靛酚于 300 mL 含有 104 mg $NaHCO_3$ 的热溶液中，冷却后加水稀释至 500 mL，滤去不溶物，置于棕色瓶内，冷藏(4 ℃约可保存 1 周)。每次临用时，以标准抗坏血酸溶液标定。

【实验器材】

1.0 mL(×1)，10 mL(×1)吸管；100 mL 容量瓶(×1)；100 mL 锥形瓶(×3)；2 mL 微量滴定管(×1)；研钵；Φ 8 cm 漏斗(×2)。

【实验操作】

1. 不同样品中维生素 C 的提取

(1) 松针：水洗净，用滤纸吸去表面水分。称取 0.5 g，放入研钵中，加 1% HCl 溶液 5 mL 一起研磨。放置片刻，将提取液转入 50 mL 容量瓶中。如此反复 2 次～3 次。最后用 1%草酸溶液稀释到刻度并混匀，静置 10 min，过滤，滤液备用。

(2) 新鲜蔬菜和水果类：水洗净，用纱布或吸水纸吸干表面水分。然后称取 20.0 g，加 2%草酸溶液 100 mL 置于组织搅碎机中打成浆状。称取浆状物 5.0 g，倒入50 mL容量瓶中以 2%草酸溶液稀释至刻度，静置 10 min，过滤(最初的数毫升滤液弃去)。滤液备用。

2. 滴定

(1) 标准液滴定：准确吸取标准抗坏血酸溶液 1.0 mL(含 0.1 mg 抗坏血酸)置于 100 mL 锥形瓶中，加 9 mL 1%草酸。用微量滴定管以 0.1% 2,6-二氯酚靛酚溶液滴定至淡红色，并保持 5 s 不退即为终点。由所用染料的体积计算出 1 mL 染料相当于多少毫克抗坏血酸。

(2) 样液滴定：每种样品准确吸取滤液 2 份，每份 10.0 mL，分别放入 2 个100 mL锥形瓶内，用 0.1% 2,6-二氯酚靛酚溶液分别滴定，方法同前。

注意：滴定过程宜迅速，一般不超过 2 min。因为在本滴定条件下，一些非维生素 C 的还原性物质的还原作用较慢，快速滴定可以避免或减少它们的影响。滴定所用的染料不应少于 1 mL 或多于 4 mL，如果样品含抗坏血酸量太高或太低时，可酌量增减样液。

3. 计算

$$100\text{ g 样品中含抗坏血酸毫克数}=\frac{V_1\times m_2}{m_1}\times 100$$

式中：V_1 为滴定样品时所用去染料毫升数(平均值)；m_2 为 1 mL 染料能氧化抗坏血酸毫克数；m_1 为 10 mL 样液相当于含样品之毫克数。

附：碘滴定法

【实验原理】

铜盐(硫酸铜或醋酸铜)与过量的碘化钾进行反应形成碘化铜。碘化铜不稳定，随即分解为碘化亚铜和游离的碘。

$$2CuSO_4 + 4KI \longrightarrow 2CuI_2 + 2K_2SO_4$$

$$2CuI_2 \longrightarrow Cu_2I_2 + I_2$$

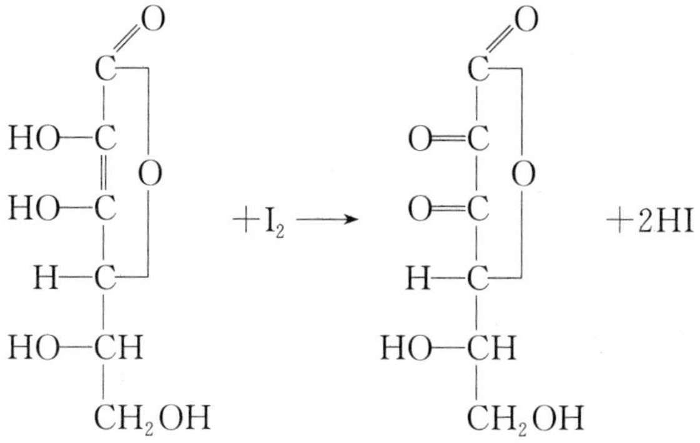

```
      O                            O
     //                           //
    C——┐                         C——┐
    |  |                         |  |
HO—C   |                     O═C   |
   ‖   O                         |  O
HO—C   |     + I₂ ——→        O═C   |     + 2HI
    |  |                         |  |
 H—C——┘                       H—C——┘
    |                            |
HO—CH                        HO—CH
    |                            |
    CH₂OH                        CH₂OH
  抗坏血酸                     脱氢抗坏血酸
```

释放出来的碘可氧化抗坏血酸形成脱氢抗坏血酸和碘化氢。反应继续进行，直到溶液里的抗坏血酸被碘全部氧化为止。剩余的微量的碘与淀粉指示剂反应生成蓝色，终点明显。本法简单、快速，可准确测定 25 g 抗坏血酸的量。对抗坏血酸纯品进行测定的结果表明实验误差不超过±2%。

【实验试剂及配制】

1. 标准 0.01 $mol \cdot L^{-1}$硫酸铜溶液或 0.01 $mol \cdot L^{-1}$醋酸铜溶液

精确称取 0.249 7 g 硫酸铜($CuSO_4 \cdot 5H_2O$)或 0.197 68 g 醋酸铜[$Cu(CH_3COO)_2 \cdot H_2O$]，加水定容至 100 mL。

2. 30%和 50%碘化钾水溶液(m/V)

3. 1%可溶性淀粉指示剂溶液(m/V)

4. 偏磷酸-醋酸溶液

取 15 g 偏磷酸溶于 40 mL 冰醋酸和 450 mL 蒸馏水的混合液中，在冰箱中过滤，滤液保存在冰箱中。超过 10d 需重新配制。

【实验操作】

1. 测样准备

(1) 药品片剂

取 10 个药片称重，小心研碎，精密称取相当于 1 片质量的片粉，以偏磷酸-醋酸溶液溶解，于 100 mL 量瓶中定容，摇匀后过滤。

(2) 注射液

取 1 mL 注射液用偏磷酸-醋酸溶液稀释定容至 100 mL。

(3) 食品

取 50 g 或 20 g 蔬菜或水果浆状物，加偏磷酸-醋酸溶液定容至 200 mL，搅匀 3 min

后过滤，滤液放入碘量瓶中。

2. 滴定

精确量取一定体积的样品溶液（如 5 mL）于 100 mL 碘量瓶中，加 10 mL 30%KI 溶液（抗坏血酸稀溶液含量低于 1 mg 时可用 50% KI 溶液）。再加数滴淀粉指示剂溶液。随即用标准硫酸铜溶液（0.01 mol・L^{-1}）进行滴定。边滴定边振摇，直至显示出蓝色，记录滴定量。再做一个空白试验，在计算前，需将样品的滴定量减去空白试验的滴定量得 V。

3. 计算

$$抗坏血酸含量/(mg \cdot 每份^{-1}) = V \times c$$

式中：V 为滴定样品时所用去 0.01 mol・L^{-1} 标准硫酸铜溶液的毫升数（已减去空白滴定量）；c 为 0.88，即 1 mL 0.01 mol・L^{-1} 标准硫酸铜溶液相当于 0.88 mg 抗坏血酸。

【注意事项】

1. 维生素 C 在 pH 4.5～6.0 时较稳定。
2. 维生素 C 在有水和潮湿情况下易分解成糠醛。

【思考题】

1. 维生素 C 本身是酸，为什么测定时还需加入酸溶液？
2. 为什么维生素 C 的含量可用碘滴定法测定？

实验四十二　甲醛滴定法测定氨基氮

【实验目的】

初步掌握甲醛滴定法测定氨基氮含量的原理和操作要点。

【实验原理】

氨基酸是两性电解质，在水溶液中有如下平衡：

$$R—\underset{\displaystyle |\atop NH_3^+}{CH}—COO^- \rightleftharpoons R—\underset{\displaystyle |\atop NH_2}{CH}—COO^- + H^+$$

$—NH_3^+$ 是弱酸，完全解离时 pH 为 11～12 或更高，若用碱滴定$—NH_3^+$ 所释放的 H^+ 来测量氨基氮，一般指示剂变色范围小于 10，很难准确指示终点。

常温下，甲醛能迅速与氨基酸的氨基结合，生成羟甲基化合物，使上述平衡右移，促使$—NH_3^+$ 释放 H^+，使溶液的酸度增加，滴定终点移至酚酞的变色范围内（pH 9.0 左右）。因此，可用酚酞作指示剂，用标准氢氧化钠溶液滴定。

$$R—\underset{\displaystyle |\atop NH_3^+}{CH}—COO^- \rightleftharpoons R—\underset{\displaystyle |\atop NH_2}{CH}—COO^- + H^+ \xrightarrow{NaOH} 中和$$

$$\downarrow HCHO$$

$$R—\underset{\displaystyle |\atop NHCH_2OH}{CH}—COO^-$$

$$\downarrow HCHO$$

$$R—\underset{\displaystyle |\atop N(CH_2OH)_2}{CH}—COO^-$$

如果样品为一种已知的氨基酸，从甲醛滴定的结果可算出氨基酸的含量。如样品是多种氨基酸的混合物如蛋白水解液，则滴定结果不能作为氨基酸的定量依据。但此法简便快速，常用来测定蛋白质的水解程度，随水解程度的增加滴定值也增加，滴定值不再增加时，表示水解作用已完全。

【实验试剂及配制】

1. 0.1 $mol \cdot L^{-1}$标准甘氨酸溶液 300 mL

准确称取 750 mg 甘氨酸，溶解后定容至 100 mL。

2. 0.1 $mol \cdot L^{-1}$标准氢氧化钠溶液 500 mL

3. 酚酞指示剂 20 mL

0.5%酚酞的 50%乙醇溶液。

4. 中性甲醛溶液 400 mL

在 50 mL 36%～37%分析纯甲醛溶液中加入 1 mL 0.1%酚酞乙醇水溶液，用 0.1 $mol \cdot L^{-1}$氢氧化钠溶液滴定至溶液显微红色，贮于密闭的玻璃瓶中，此试剂在临用前配制。如已放置一段时间，则使用前需重新中和。

【实验器材】

25 mL 锥形瓶；3 mL 微量滴定管；吸管。

【实验操作】

1. 取 3 个 25 mL 的锥形瓶，编号。向第 1 和 2 号瓶内各加入 0.1 $mol \cdot L^{-1}$ 标准甘氨酸溶液 2 mL 和蒸馏水 5 mL，混匀。向 3 号瓶内加入 7 mL 蒸馏水。然后向 3 个瓶中各加入 5 滴酚酞指示剂，混匀后各加入 2 mL 甲醛溶液再混匀，分别用 0.1 $mol \cdot L^{-1}$ 标准氢氧化钠溶液滴定至溶液显微红色。

重复以上实验 2 次，记录每次每瓶消耗标准氢氧化钠溶液的体积(mL)，取平均值，计算甘氨酸氨基氮的回收率：

$$甘氨酸氨基氮回收率/\% = \frac{实际测得量}{加入理论量} \times 100$$

式中：实际测得量为滴定第 1 和 2 号瓶耗用的标准氢氧化钠溶液体积(mL)的平均值与第 3 号瓶耗用的标准氢氧化钠溶液体积(mL)之差乘以标准氢氧化钠的物质的量浓度，再乘以 14.008；加入理论量的毫克数为 2 mL 乘以标准甘氨酸的物质的量浓度再乘以 14.008。

2. 取未知浓度的甘氨酸溶液 2 mL，依上述方法进行测定，平行做几份，取平均值，计算每毫升甘氨酸溶液中含有氨基氮的毫克数：

$$氨基氮/(mg \cdot mL^{-1}) = \frac{(\overline{V}_{未} - \overline{V}_{对}) \times c_{NaOH} \times 14.008}{2}$$

式中：$V_{未}$ 为滴定待测液耗用标准氢氧化钠溶液的平均体积，mL；$V_{对}$ 为滴定对照液(3 号瓶)耗用标准氢氧化钠溶液的平均体积，mL；c_{NaOH} 为标准氢氧化钠溶液的物质的量浓度，$mol \cdot L^{-1}$。

【注意事项】

1. 标准氢氧化钠溶液应在使用前标定，并在密闭瓶中保存，不可隔日使用。
2. 甘氨酸和氢氧化钠的浓度应严格标定。

【思考题】

选用酚酞作指示剂，为什么滴定的是氨基？

实验四十三　卵磷脂的提取与鉴定

【实验目的】

1. 掌握利用物质在不同溶剂中溶解度的不同进行分离提取的方法。
2. 验证卵磷脂水解后的产物，巩固对卵磷脂组成及结构的认识。

【实验原理】

卵磷脂是一种在动物和植物中分布很广的磷脂，是天然的乳化剂和营养补品。磷脂可以降血脂，治疗脂肪肝、肝硬化，使老年动脉血管壁有增厚现象，且减少坏死。卵磷脂因其首先是从鸡蛋中提取出来的而得名。

蛋黄中的主要成分为水50%、蛋白质20%、脂肪20%、卵磷脂8%及少量脑磷脂。以上各组分在不同溶剂中的溶解情况如表3-31所示。

表3-31　蛋黄中主要成分在不同溶剂中的溶解情况

溶剂	蛋白质	脂肪	卵磷脂	脑磷脂
乙醇	不溶	溶	溶	不溶
氯仿	不溶	溶	溶	溶
丙酮	不溶	溶	不溶	不溶

利用表3-31从蛋黄中提取卵磷脂的流程如下：

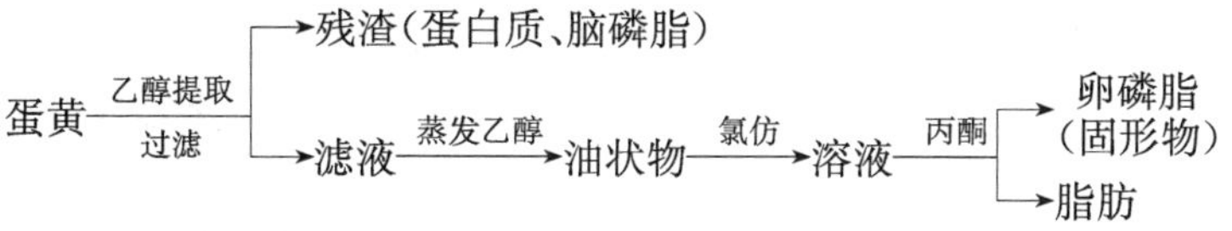

蛋黄 —乙醇提取/过滤→ 残渣（蛋白质、脑磷脂）；滤液 —蒸发乙醇→ 油状物 —氯仿→ 溶液 —丙酮→ 卵磷脂（固形物）；脂肪

卵磷脂属类脂，具有酯的结构。在碱性条件下彻底水解可得甘油、脂肪酸、磷酸和胆碱。

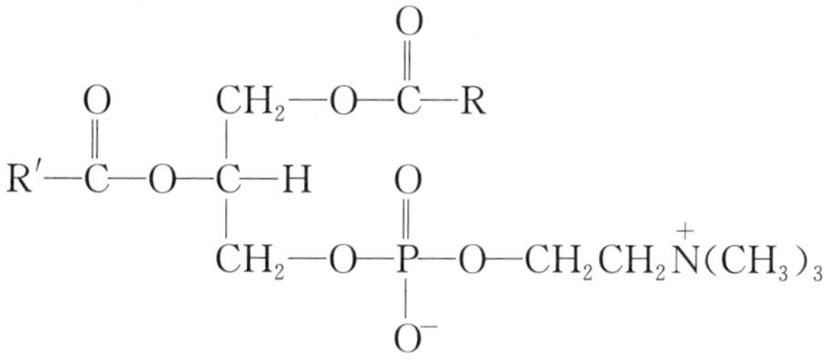

$$R'-\overset{O}{\overset{\|}{C}}-O-CH(CH_2-O-\overset{O}{\overset{\|}{C}}-R)-CH_2-O-\overset{O}{\overset{\|}{P}}(O^-)-O-CH_2CH_2\overset{+}{N}(CH_3)_3$$

卵磷脂的结构

甘油与硫酸氢钾共热，生成具有特殊臭味的丙烯醛；脂肪酸在碱性溶液中生成肥皂，酸化后析出游离脂肪酸，遇 Pb^{2+} 生成白色沉淀；磷酸可与钼酸铵生成黄色沉淀；胆碱则与克劳特试剂生成砖红色沉淀。利用上述反应可以进行各组分的鉴定。

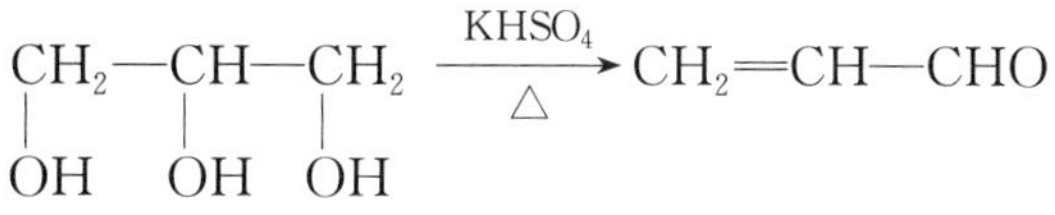

$$\underset{OH}{CH_2}-\underset{OH}{CH}-\underset{OH}{CH_2} \xrightarrow[\triangle]{KHSO_4} CH_2=CH-CHO$$

【实验试剂及配制】

1. 95%乙醇
2. 氯仿

3. 丙酮

4. 10% NaOH 溶液

5. 10%醋酸铅溶液

6. 克劳特试剂(碱式硝酸铋 + 碘化钾)

① 碱式硝酸铋 0.85 g 溶于 10 mL 冰醋酸及 40 mL 蒸馏水中。② 碘化钾 8 g 溶于 20 mL 蒸馏水中。

将上述溶液①和②等量混合,置于棕色瓶中作为储备液,用前取储备液 1 mL、冰醋酸 2 mL 与蒸馏水 10 mL 混合。

7. 10%钼酸铵试剂

8. 硫酸氢钾

9. 石蕊试纸

10. 材料:熟鸡蛋黄

【实验器材】

研钵;蒸发皿;抽滤装置;恒温水浴器;小烧杯;小试管(×3)。

【实验操作】

1. 提取

(1) 将 2 匙~3 匙蛋黄盛于小烧杯内。

(2) 加入热的 95%乙醇 15 mL,边加边搅拌。

(3) 冷却后,用滤纸过滤。若滤液浑浊,需重滤,直至完全透明。

(4) 将滤液置于水浴的蒸汽中,蒸发掉乙醇后,加入氯仿,在溶液中加入丙酮。

2. 鉴定

在卵磷脂中加入 10% NaOH 溶液约 2 mL,沸水浴加热 1 min~2 min,使其水解。取 3 支试管,分别加入水解液 1 mL,1 号试管里调节 pH 至酸性,再加入醋酸铅2 滴,2 号试管加入钼酸铵试剂 1 mL;3 号试管加入克劳特试剂 3 滴~4 滴,观察现象。

【注意事项】

1. 蒸发乙醇时,切不可用明火(如酒精灯)直接加热,以免发生火灾。

2. 用棉花过滤时,宜用一小团棉花将漏斗颈轻轻堵住,不要塞得太紧,以免过滤太慢或过滤不出。

【思考题】

卵磷脂的水解物是什么?

实验四十四　脂肪酸的β-氧化

【实验目的】

1. 了解脂肪酸的β-氧化作用。

2. 通过测定和计算反应液中丁酸氧化生成丙酮的量，掌握测定β-氧化作用的原理和方法。

【实验原理】

在肝脏中，脂肪酸经β-氧化作用生成乙酰辅酶A。两分子乙酰辅酶A可缩合生成乙酰乙酸。乙酰乙酸可脱羧生成丙酮，也可还原生成β-羟丁酸。乙酰乙酸、β-羟丁酸和丙酮总称为酮体。

本实验用新鲜肝糜与丁酸保温，生成的丙酮在碱性条件下与碘生成碘仿。反应式如下：

$$2NaOH + I_2 \rightleftharpoons NaOI + NaI + H_2O$$

$$CH_3COCH_3 + 3NaOI \rightleftharpoons \underset{\text{碘仿}}{CHI_3} + CH_3COONa + 2NaOH$$

剩余的碘，可用标准硫代硫酸钠溶液滴定。

$$NaOI + NaI + 2HCl \rightleftharpoons I_2 + 2NaCl + H_2O$$

$$I_2 + 2Na_2S_2O_3 \rightleftharpoons Na_2S_4O_6 + 2NaI$$

根据滴定样品与滴定对照所消耗的硫代硫酸钠溶液体积之差，可以计算由丁酸氧化生成丙酮的量。

【实验试剂及配制】

1. 0.1%淀粉溶液 20 mL

2. 0.9%氯化钠溶液 200 mL

3. 0.5 $mol \cdot L^{-1}$丁酸溶液 150 mL

取 5 mL 丁酸溶于 100 mL 0.5$mol \cdot L^{-1}$氢氧化钠溶液中。

4. 15%三氯乙酸溶液 200 mL

5. 10%氢氧化钠溶液 150 mL

6. 10%盐酸溶液 150 mL

7. 0.1 $mol \cdot L^{-1}$碘溶液 200 mL

称取 12.7 g 碘和约 25 g 碘化钾溶于蒸馏水中，稀释至 1 000 mL，混匀，用标准 0.1 $mol \cdot L^{-1}$硫代硫酸钠溶液标定。

8. 标准 0.01 $mol \cdot L^{-1}$硫代硫酸钠溶液 500 mL

临用时将已标定的 1 $mol \cdot L^{-1}$硫代硫酸钠溶液稀释成 0.01 $mol \cdot L^{-1}$。

9. $\frac{1}{15}$ $mol \cdot L^{-1}$ pH 7.6 磷酸盐缓冲液 200 mL

$\frac{1}{15}$ $mol \cdot L^{-1}$磷酸氢二钠 86.8 mL 与$\frac{1}{15}$ $mol \cdot L^{-1}$磷酸二氢钠 13.2 mL 混合。

10. 材料：家兔

【实验器材】

5 mL 微量滴定管；恒温水浴器；吸管；剪刀及镊子；50 mL 锥形瓶；漏斗；试管及

试管架。

【实验操作】

1. 肝糜制备

将家兔颈部放血处死，取出肝脏。用0.9%氯化钠溶液洗去污血。用滤纸吸去表面的水分。称取肝组织5 g置研钵中。加少量0.9%氯化钠溶液，研磨成细浆。再加0.9%氯化钠溶液至总体积为10 mL。

2. 取2个50 mL锥形瓶，各加入3 mL $\frac{1}{15}$mol·L^{-1} pH 7.6的磷酸盐缓冲液。向一个锥形瓶中加入2 mL正丁酸；另一个锥形瓶作为对照，不加正丁酸。然后各加入2 mL肝组织糜。混匀，置于43 ℃恒温水浴内保温。

3. 沉淀蛋白质

保温1.5 h后，取出锥形瓶，各加入3 mL 15%三氯乙酸溶液，在对照瓶内追加2 mL正丁酸，混匀，静置15 min后过滤。将滤液分别收集在2支试管中。

4. 酮体的测定

吸取两种滤液各2 mL分别放入另外两个锥形瓶中，再各加3 mL 0.1 mol·L^{-1}碘溶液和3 mL 10%氢氧化钠溶液。摇匀后，静置10 min。加入3 mL 10%盐酸溶液中和。然后用0.01 mol·L^{-1}标准硫代硫酸钠溶液滴定剩余的碘。滴至浅黄色时，加入3滴淀粉溶液作指示剂。摇匀，并继续滴定到蓝色消失。记录滴定样品与对照所用的硫代硫酸钠溶液的体积(mL)，并计算样品中丙酮含量。

5. 计算

$$\text{肝糜催化生成的丙酮量}/(\text{mmol}\cdot\text{g}^{-1})=(V_{\text{对照}}-V_{\text{样品}})\times c\times\frac{1}{6}$$

式中：$V_{\text{对照}}$为滴定对照所消耗的0.01 mol·L^{-1}硫代硫酸钠溶液的体积，mL；$V_{\text{样品}}$为滴定样品所消耗的0.01 mol·L^{-1}硫代硫酸钠溶液的体积，mL；c为标准硫代硫酸钠溶液物质的量浓度，mol·L^{-1}。

【注意事项】

1. 家兔处死后，应立即将血放尽，因血中含有能利用酮体的酶。
2. 肝糜必须新鲜，放置过久则失去氧化脂肪酸的能力。

【思考题】

1. 为什么说做好本实验的关键是制备新鲜的肝糜？
2. 为什么测定碘仿反应中剩余的碘可以计算出样品中丙酮的含量？

实验四十五　肌糖原的酵解作用

【实验目的】

1. 学习检验糖酵解作用的原理和方法。
2. 了解糖酵解作用在糖代谢过程中的地位及生理意义。
3. 了解有关组织代谢实验应该注意的一些问题。

【实验原理】

在动物、植物、微生物等许多生物机体内，糖的无氧分解几乎都按完全相同的过程进行。本实验以动物肌肉组织中肌糖原的酵解过程为例，即肌糖原在缺氧的条件下，经过一系列的酶促反应，最后转变成乳酸的过程。肌肉组织中的肌糖原首先磷酸化，经过己糖磷酸酯、丙糖磷酸酯、甘油酸磷酸酯、丙酮酸等一系列中间产物，最后生成乳酸。该过程可综合成下列反应式：

$$\frac{1}{n}(C_6H_{10}O_5)_n + H_2O \rightleftharpoons 2CH_3CHOHCOOH$$

肌糖原的酵解作用是糖类供给组织能量的一种方式。当机体突然需要大量的能量，而又供氧不足时(如剧烈运动时)，则糖原的酵解作用可暂时满足能量消耗的需要。在有氧条件下，组织内糖原的酵解作用受到抑制，而有氧氧化则为糖代谢的主要途径。

糖原酵解作用的实验，一般使用肌肉糜或肌肉提取液。在用肌肉糜时，必须在无氧条件下进行；而用肌肉提取液，则可在有氧条件下进行。因为催化酵解作用的酶系统全部存在于肌肉提取液中，而催化呼吸作用(即三羧酸循环和氧化呼吸链)的酶系统则集中在线粒体中。

糖原或淀粉的酵解作用，可由乳酸的生成来观测。在除去蛋白质与糖后，乳酸可以与硫酸共热变成乙醛，后者再与对羟基联苯反应产生紫罗兰色物质，根据颜色的显现而加以鉴定。

该方法比较灵敏，每毫升溶液含 1 μg～5 μg 乳酸即可出现明显的颜色反应。若有大量糖类和蛋白质等杂质存在，则严重干扰测定，因此实验中应尽量除去这些物质。另外，测定时所用的器皿应严格清洗干净。

【实验试剂及配制】

1. 材料：大鼠或家兔
2. 0.5%糖原溶液(或 0.5%淀粉溶液)
3. 液体石蜡
4. 15%偏磷酸溶液
5. 氢氧化钙(粉末)
6. 浓硫酸
7. 饱和硫酸铜溶液
8. 磷酸缓冲液(0.067 mol·L^{-1}，pH 7.4)

甲液（0.067 mol·L^{-1}磷酸氢二钠溶液）：称取磷酸氢二钠（Na_2HPO_4）9.47 g或含水磷酸氢二钠（$Na_2HPO_4 \cdot 12H_2O$）23.88 g溶于蒸馏水中，定容至1 L。

乙液（0.067 mol·L^{-1}磷酸二氢钾溶液）：称取磷酸二氢钾（KH_2PO_4）9.077 g溶于蒸馏水中，定容至1 L。

取甲液825 mL与乙液175 mL混合，此液pH应为7.4。

9. 1.5%对羟基联苯试剂

对羟基联苯1.5 g，溶于100 mL 0.5%氢氧化钠溶液中，配成1.5%的溶液。若对羟基联苯颜色较深，应用丙酮或无水乙醇重结晶。此试剂放置时间长久会出现针状结晶，应摇匀后使用。

【实验器材】

试管及试管架；5 mL，2 mL，1 mL，0.5 mL移液管；滴管；量筒；恒温水浴器；小台秤；医用剪刀及镊子；漏斗；冰浴。

【实验操作】

1. 处死动物和制备肌肉糜

研究机体的新陈代谢，首先要注意使所测得的结果尽量符合生活机体的真实情况。杀死动物的方法选用恰当与否与能否获得真实情况有直接关系。

(1) 处死动物：取家兔，于兔耳上找好静脉血管，将灌入空气的注射器针头插入比较粗的静脉血管中，注入空气，家兔于1 min～2 min内死去。

(2) 制备肌肉糜：将动物处死后，放血，立即取背部和腿部肌肉，在低温条件下用剪刀尽量把肌肉剪碎即成肌肉糜。注意，应在临用前制备。

2. 肌肉糜的糖酵解

(1) 取4支试管编号，各加入3 mL pH 7.4磷酸缓冲液和1 mL 0.5%糖原溶液（或0.5%淀粉溶液）。1号和2号管为实验管，3号和4号管为对照管。向对照管中加入15%偏磷酸溶液2 mL，以沉淀蛋白质和终止酶的反应。然后在每支试管中加入新鲜肌肉糜0.5 g，用玻璃棒将肌肉碎块打散，搅匀，再分别加入一薄层液体石蜡（约1 mL）以隔绝空气。将4支试管同时放入37 ℃恒温水浴中保温。

(2) 1 h～1.5 h后取出试管，立即向试管内加入15%偏磷酸溶液2 mL并混匀。将各试管内容物分别过滤，弃去沉淀。量取每个样品的滤液4 mL，分别加入已编号的试管中，然后向每管内加入饱和硫酸铜溶液1 mL，混匀，再加入0.4 g氢氧化钙粉末，塞上橡皮塞后用力振荡。因皮肤上有乳酸，勿与手指接触。放置30 min，并不时振荡，使糖沉淀完全。将每个样品分别过滤，弃去沉淀。

3. 乳酸的测定

取4支洁净、干燥的试管，编号。各加入浓硫酸1.5 mL和2滴～4滴对羟基联苯试剂，混匀后放入冰浴中冷却。将每个样品的滤液0.25 mL逐滴加入到已冷却的上述硫酸与对羟基联苯的混合液中，边加边摇动冰浴中的试管，注意冷却。将各试管混合均匀，放入沸水浴中待显色后取出，比较和记录各管溶液的颜色深浅，并加以解释。

【注意事项】

1. 对羟基联苯试剂一定要经过纯化,使其呈白色。

2. 在乳酸测定中,试管必须洁净、干燥,防止污染而影响结果。所用滴管大小尽可能一致,减少误差。若显色较慢,可将试管放入 37 ℃恒温水浴中保温 10 min,再比较各管颜色。

【思考题】

1. 本实验在 37 ℃保温前是否可以不加液体石蜡?请说明理由。

2. 本实验是如何检验糖酵解作用的?

实验四十六　PCR扩增目的基因

【实验目的】

1. 了解PCR扩增的原理。

2. 学习用PCR扩增DNA。

3. 学习用琼脂糖凝胶电泳检测核酸。

【实验原理】

PCR，即聚合酶链式反应(Polymerase Chain Reaction)。PCR技术类似于DNA的天然复制过程，其特异性依赖于与靶序列两端互补的寡核苷酸引物。PCR由变性—退火—延伸三个基本反应步骤构成：①模板DNA的变性：模板DNA经加热至93 ℃左右一定时间后，使模板DNA双链或经PCR扩增形成的双链DNA解离，成为单链，以便它与引物结合，为下轮反应做准备；②模板DNA与引物的退火(复性)：模板DNA经加热变性成单链后，温度降至55 ℃左右，引物与模板DNA单链的互补序列配对结合；③引物的延伸：DNA模板—引物结合物在*Taq* DNA聚合酶的作用下，以dNTP为反应原料，靶序列为模板，按碱基配对与半保留复制原理，合成一条新的与模板DNA链互补的半保留复制链，重复循环变性—退火—延伸三过程，就可获得更多的“半保留复制链”，而且这种新链又可成为下次循环的模板。每完成一个循环需2 min～4 min，2 h～3 h就能将待扩增的目的基因扩增放大几百万倍。

【实验试剂及配制】

1. *Taq* DNA酶(一种热稳定DNA聚合酶)

2. 引物

10 μmol・L^{-1} 5′-引物；10 μmol・L^{-1} 3′-引物。

3. dNTP

用1 mol・L^{-1} NaOH溶液或1 mol・L^{-1} Tris-HCl缓冲液调pH至7.0～7.5，A，T，C，G的浓度相等，各自为50 μmol・L^{-1}～200 μmol・L^{-1}。－20 ℃冰冻保存。

4. 10×PCR缓冲液

含500 mmol・L^{-1} KCl，100 mmol・L^{-1} Tris-HCl (pH 9.0，25 ℃)，1% Triton X-100，15 mmol・L^{-1} $MgCl_2$。

5. $MgCl_2$

在反应体系中，Mg^{2+}浓度以1.5 mmol・L^{-1}～2.0 mmol・L^{-1}为宜。

6. 模板DNA

7. EB(溴化乙锭)染色液

见实验二十五。

8. 琼脂糖

9. 标记物(Marker)

10. 50×电泳缓冲液

242 g Tris碱，57.1 mL冰醋酸，100 mL 0.5 mol・L^{-1} EDTA(pH 8.0)。

【实验器材】

PCR 小管；小离心管；烧杯；PCR 仪；凝胶槽；电泳仪和电泳槽。

【实验操作】

1. 取 PCR 小管一个，用微量移液器按下列项目逐个加样，全部加完后在 PCR 小管上做记号。

PCR 反应混合液：

10×PCR 缓冲液＋Mg^{2+}	5 μL
dNTP 10 mmol·L^{-1}	(A,T,C,G 各 1 μL)
Taq 酶	0.5 U
10 μmol·L^{-1} 5′-引物	1 μL
10 μmol·L^{-1} 3′-引物	1 μL
模板 DNA	1 μL
去离子 H_2O	补足至 50 μL

2. 如果 PCR 仪有热盖，则直接把 PCR 小管放置在 PCR 仪的板空内(如果没有热盖，则必须在 PCR 小管内加一些矿物油)，盖上盖子，设定程序如下：

PCR 程序：

预变性	95 ℃	5 min
变性	95 ℃	2 min
退火	50 ℃	2 min
延伸	72 ℃	2 min
5 个循环		
变性	95 ℃	30 s
退火	54 ℃	30 s
延伸	72 ℃	30 s
25 个循环		
延伸	72 ℃	10 min
降温	4 ℃	1 min
结束		

3. 开启 PCR 仪等待 1 h～2 h，程序结束。

4. 检测结果

用 1×电泳缓冲液配制 1%的琼脂糖溶液 20 mL，在微波炉中加热或于 80 ℃水浴溶解；小心加入 0.5 μL EB，倒入凝胶槽内，并插上“梳子”；等到琼脂糖溶液完全凝固之后，拔掉“梳子”，把凝胶取出放置在电泳槽内(注意电极的方向，DNA 带负电荷，向正极泳动)；电泳槽内加入 1×电泳缓冲液，并淹过凝胶；从 PCR 小管内取出 5 μL 样品，混入 1 μL 6×加样缓冲液后，用微量移液器小心加入凝胶的加样孔内，最后在旁边的凝胶孔内加入 3 μL 标记物(Marker)作参照；打开电泳仪，40 V～80 V 电泳，当电泳缓冲液中的溴酚蓝跑至凝胶中间时，停止电泳；取出凝胶，放置在凝胶成像系统的暗室内；在紫外灯下，可以观测 DNA 扩增产物。

【注意事项】

PCR 反应五要素：参加 PCR 反应的物质主要有 5 种，即引物、酶、dNTP、模板和 Mg^{2+}。

1. 引物

引物是 PCR 特异性反应的关键，PCR 产物的特异性取决于引物与模板 DNA 互补的程度。理论上，只要知道任何一段模板 DNA 序列，就能按其设计互补的寡核苷酸链作引物，利用 PCR 就可将模板 DNA 在体外大量扩增。

设计引物应遵循以下原则：

(1) 引物长度：15 bp～30 bp，常用为 20 bp 左右。

(2) 引物扩增跨度：以 200 bp～500 bp 为宜，特定条件下可扩增至 10 kb 的片段。

(3) 引物碱基：G+C 含量以 40%～60%为宜，G+C 太少扩增效果不佳，G+C 过多易出现非特异条带。A，T，G，C 最好随机分布，避免 5 个以上的嘌呤或嘧啶多聚核苷酸的成串排列。

(4) 避免引物内部出现二级结构，避免两条引物间互补，特别是 3′端的互补，否则会形成引物二聚体，产生非特异的扩增条带。

(5) 引物 3′端的碱基，特别是最末及倒数第二个碱基，应严格要求配对，以避免因末端碱基不配对而导致 PCR 失败。

(6) 引物中有或能加上合适的酶切位点，被扩增的靶序列最好有适宜的酶切位点，这对酶切分析或分子克隆很有好处。

(7) 引物的特异性：引物应与核酸序列数据库的其他序列无明显同源性。引物量：每条引物的浓度为 0.1 $\mu mol \cdot L^{-1}$～1 $\mu mol \cdot L^{-1}$或 10 $\mu mol \cdot L^{-1}$～100 $\mu mol \cdot L^{-1}$，以最低引物量产生所需要的结果为好，引物浓度偏高会引起错配和非特异性扩增，且可增加引物之间形成二聚体的机会。

2. 酶及其浓度

目前有两种 *Taq* DNA 聚合酶供应，一种是从嗜热水生杆菌中提纯的天然酶，另一种为大肠杆菌合成的基因工程酶。催化一典型的 PCR 反应约需酶量 2.5 U(指总反应体积为 100 μL 时)，浓度过高可引起非特异性扩增，浓度过低则合成产物量减少。

3. dNTP 的质量与浓度

dNTP 的质量与浓度和 PCR 扩增效率有密切关系，dNTP 粉呈颗粒状，如保存不当易变性失去生物学活性。dNTP 溶液呈酸性，使用时应配成高浓度后，以 1 $mol \cdot L^{-1}$ NaOH 溶液或 1 $mol \cdot L^{-1}$ Tris-HCl 缓冲液将其 pH 调节到 7.0～7.5，小量分装，－20 ℃冰冻保存。多次冻融会使 dNTP 降解。在 PCR 反应中，dNTP 应为 50 $\mu mol \cdot L^{-1}$～200 $\mu mol \cdot L^{-1}$，尤其要注意 4 种 dNTP 的浓度要相等(等浓度配制)，如其中任何一种浓度不同于其他几种时(偏高或偏低)，就会引起错配。浓度过低又会降低 PCR 产物的产量。dNTP 能与 Mg^{2+} 结合，使游离的 Mg^{2+} 浓度降低。

4. 模板(靶基因)核酸

模板核酸的量与纯化程度，是 PCR 成功与否的关键环节之一，传统的 DNA 纯化方法通常采用 SDS 和蛋白酶 K 来消化处理标本。SDS 的主要功能是：溶解细胞膜上的脂类与蛋白质，从而溶解膜蛋白而破坏细胞膜，并解离细胞中的核蛋白，SDS 还能与蛋白质结合而沉淀；蛋白酶K能水解消化蛋白质，特别是与DNA结合的组蛋白，再用有机溶剂酚与氯仿抽提掉蛋白质和其他细胞组分，用乙醇或异丙醇沉淀核酸。提取的核酸即可作为模板用于PCR反应。一般临床检测标本，可采用快速简便的方法溶解细胞，裂解病原体，消化除去染色体的蛋白质使靶基因游离，直接用于PCR扩增。RNA模板提取一般采用异硫氰酸胍或蛋白酶K法，要防止RNase降解RNA。

5. Mg^{2+}浓度

Mg^{2+}对PCR扩增的特异性和产量有显著的影响，在一般的PCR反应中，各种dNTP浓度为200 μmol·L^{-1}时，Mg^{2+}浓度以1.5 mmol·L^{-1}～2.0 mmol·L^{-1}为宜。Mg^{2+}浓度过高，反应特异性降低，出现非特异扩增，浓度过低会降低*Taq* DNA聚合酶的活性，使反应产物减少。

6. PCR反应条件的选择：温度、时间和循环次数

(1) 温度与时间的设置：基于PCR原理三步骤而设置变性—退火—延伸3个温度点。在标准反应中采用三温度点法，双链DNA在90 ℃～95 ℃变性，再迅速冷却至40 ℃～60 ℃，引物退火并结合到靶序列上，然后快速升温至70 ℃～75 ℃，在*Taq* DNA聚合酶的作用下，使引物链沿模板延伸。对于较短靶基因(长度为100 bp～300 bp时)可采用二温度点法，除变性温度外，退火与延伸温度可合二为一，一般采用94 ℃变性，65 ℃左右退火与延伸(此温度*Taq* DNA酶仍有较高的催化活性)。

① 变性温度与时间：变性温度低，解链不完全是导致PCR失败的最主要原因。一般情况下，93 ℃～94 ℃ 1 min足以使模板DNA变性，若低于93 ℃则需延长时间，但温度不能过高，因为高温环境对酶的活性有影响。此步若不能使靶基因模板或PCR产物完全变性，就会导致PCR失败。

② 退火(复性)温度与时间：退火温度是影响PCR特异性的较重要因素。变性后温度快速冷却至40 ℃～60 ℃，可使引物和模板发生结合。由于模板DNA比引物复杂得多，引物和模板之间的碰撞结合机会远远高于模板互补链之间的碰撞。退火温度与时间取决于引物的长度、碱基组成及其浓度，还有靶基因序列的长度。对于20个核苷酸，G+C含量约50%的引物，55 ℃为选择最适退火温度的起点较为理想。可通过以下公式帮助选择合适的引物的复性温度：

$$T_m\text{ 值(解链温度)}=4(G+C)+2(A+T)$$

$$\text{复性温度}=T_m\text{ 值}-(5\ ℃\sim10\ ℃)$$

在T_m值允许范围内，选择较高的复性温度可大大减少引物和模板间的非特异性结合，提高PCR反应的特异性。复性时间一般为30 s～60 s，足以使引物与模板之间完全结合。

③ 延伸温度与时间：*Taq* DNA聚合酶的生物学活性：

70 ℃～80 ℃：150核苷酸·S^{-1}·酶分子$^{-1}$

70 ℃：60核苷酸·S^{-1}·酶分子$^{-1}$

55 ℃：24核苷酸·S^{-1}·酶分子$^{-1}$

高于90 ℃时，DNA合成几乎不能进行。

PCR反应的延伸温度一般选择在70 ℃～75 ℃，常用温度为72 ℃，过高的延伸温度不利于引物和模板的结合。PCR延伸反应的时间，可根据待扩增片段的长度而定，一般

1 kb 以内的 DNA 片段，延伸时间 1 min 是足够的。3 kb～4 kb 的靶序列需 3 min～4 min；扩增 10 kb 需延伸至 15 min。延伸时间过长会导致非特异性扩增带的出现。对低浓度模板的扩增，延伸时间要稍长些。

（2）循环次数：循环次数决定 PCR 扩增程度。PCR 循环次数主要取决于模板 DNA 的浓度。一般的循环次数选在 30～40 次之间，循环次数越多，非特异性产物的量亦随之增多。

【思考题】

1. 如何设计引物？
2. 热盖和矿物油的作用是什么？
3. 加样缓冲液的作用是什么？
4. EB 显色的原理是什么？

实验四十七　血清胆固醇的测定

【实验目的】

掌握血清胆固醇的测定原理和方法。

【实验原理】

血清总胆固醇(TC)是指血液中所有脂蛋白所含胆固醇的总和，包括游离型胆固醇和胆固醇酯。总胆固醇偏高说明人体的肝和肺开始发生实质性的病变，总胆固醇测定方法有化学比色法和酶法两类，本实验采用化学比色法测定(磷硫铁法)。血清经无水乙醇处理后，蛋白质沉淀出来，胆固醇及其酯则溶于其中，在乙醇提取液中加入磷硫铁试剂，胆固醇与试剂形成稳定的紫红色化合物，该反应液颜色的深浅与胆固醇含量成正比，可于 560 nm 波长下比色进行定量测定。

【实验试剂及配制】

1. 10%三氯化铁溶液

将 10 g $FeCl_3 \cdot 6H_2O$ 溶于磷酸中，定容至 100 mL，于棕色瓶中进行冷藏，可使用一年。

2. 磷硫铁试剂(P-S-Fe)

取 10%三氯化铁溶液 1.5 mL 于 100 mL 棕色容量瓶内，加浓硫酸定容至刻度。

3. 胆固醇标准储存液

准确称取胆固醇 80 mg，溶于无水乙醇中，定容至 100 mL。

4. 胆固醇标准溶液

将储存液用无水乙醇准确稀释 10 倍。此标准溶液每毫升含 0.08 mg 胆固醇。

【实验器材】

离心机；分光光度计；试管；离心管；刻度吸量管。

【实验操作】

1. 吸取 0.1 mL 血清于干燥的离心管内，先加无水乙醇 0.4 mL，摇匀后再加无水乙醇 2.0 mL 摇匀(分两次加入无水乙醇的目的是得到分散更细的蛋白质沉淀)，10 min后，离心(3000 $r \cdot min^{-1}$，5 min)，取上层清液备用。

2. 取 3 支干燥试管，编号，分别加入无水乙醇 1.0 mL(空白管)、胆固醇标准溶液 1.0 mL(标准管)、上述乙醇提取液 1.0 mL(样品管)，各管都加入磷硫铁试剂 1.0 mL，摇匀，10 min 后，分别转移至 0.5 cm 比色皿内，以空白管做参比，用分光光度计在 560 nm 波长下测定其吸光度。

3. 计算

$$血清胆固醇含量/(mg \cdot mL^{-1})=\frac{A_2}{A_1}\times\frac{0.08}{0.04}=\frac{A_2}{A_1}\times 2$$

式中：A_1 为标准溶液的吸光度；A_2 为样品液的吸光度

人血清胆固醇的正常含量为 2.8mmol·L^{-1}～5.7 mmol·L^{-1}

【注意事项】

1. 胆固醇的显色反应受水分的影响，所用试管均需干燥。

2. 硫磷铁试剂有腐蚀性，需谨慎操作。

【思考题】

试分析影响实验结果的因素有哪些。

第四部分　附　　录

附录一　试剂的分级、保存与配制

、　般化学试剂的规格

等级	一级品	二级品	三级品	四级品	
中文标志	保证试剂 优级纯	分析试剂 分析纯	化学试剂 化学纯	化学用 实验试剂	生物试剂
符号	GR	AR	CP	IP	BRCR
标志颜色	绿	红	蓝	棕	黄
用途	适用于最精确的分析工作和研究工作	用于精确的微量分析，为分析实验室示范使用	用于一般工作分析	用于一般的定性分析	根据说明使用
备注	纯度最高，杂质含量最少	纯度较高，杂质含量较少	质量分析低于分析纯	质量较低	

二、试剂保存

保存方法	变质原因	例子
需要密封	易潮解吸湿	氧化钙　氢氧化钠　氢氧化钾　碘化钾
	易失水风化	结晶硫酸钠　硫酸亚铁　硫代硫酸钠　含水磷酸氢二钠
	易挥发	氨水　盐酸　醚　碘　甲醛　乙醇　丙酮
	易吸收二氧化碳	氢氧化钾　氢氧化钠
	易氧化	硫酸亚铁　醚　醛类　抗坏血酸和一切还原剂
	易变质	丙酮酸钠　许多生物制品（常需冷藏）
需要避光	见光变质	硝酸银（变黑）　酚（变淡红）　茚二酮（变淡红）
	见光分解	过氧化氢　漂白粉　氰氢酸
	见光氧化	乙醚　醛类　亚铁盐　一切还原剂
特殊方法保存	易爆炸	苦味酸　硝酸盐类　过氧酸　叠氮化钠
	剧毒	氰化钾　汞　碘化物　溴
	易燃	乙醚　甲醇　乙醇　丙醇　苯类
	腐蚀	强酸　强碱
备注	需要密封的化学试剂，可以先用塞子塞紧，然后再用蜡封口，有时还要保存在干燥器内，干燥剂可以用生石灰，无水氯化钙和硅胶，一般不宜用硫酸，还需要避光保存的试剂，可置于棕色的瓶内或用黑纸包着。	

三、常用试剂的配制

(一) 溶液浓度的表示及计算

单位容积溶液中所存在的溶质量,称为该物质的浓度。实验中常用的浓度表示方式有质量分数、体积分数、质量浓度和物质的量浓度。

1. 质量分数(w)

即每 100 g 溶液中所含溶质的克数,过去称质量百分比浓度。

溶质(g)+溶剂(g)=100 g 溶液

通常某溶液的浓度用百分浓度(%)表示,指的就是质量分数。试剂厂生产的液体酸碱,常以此法表示。配制以质量分数表示浓度的溶液时:

(1) 若溶质是固体:

称取溶质的克数=需配制溶液的总质量×需配制溶液的浓度(质量分数)

需用溶剂的克数=需配制溶液的总质量－称取溶质的克数

例如,配制 10%氢氧化钠溶液 200 g:

200 g×10%=20 g (固体氢氧化钠质量);200 g－20 g=180 g (溶剂的质量)。

称取 20 g 氢氧化钠,加 180 g 蒸馏水溶解即可。

(2) 若溶质是液体:

$$应量取溶质的体积=\frac{需配制溶液总质量}{溶质的密度\times溶质的质量分数}\times需配制溶液的质量分数$$

需用溶剂的克数=需配制溶液的总质量－(需配制溶液总质量×需配制溶液的质量分数)

例如,配制 20%硝酸溶液 500 g。(浓硝酸的浓度为 90%,密度为 1.49)

$$\frac{500}{1.49\times90\%}\times20\%=74.57(\mathrm{mL});\ 500-(500\times20\%)=400(\mathrm{mL})$$

量取 400 mL 蒸馏水,加入 74.57 mL 浓度为 90%的浓硝酸混匀即可。

2. 质量浓度(ρ)

即每 100 mL 溶液中所含溶质的克数。在实验工作中,有时需要按照这种表示法配制溶液。例如,配制 0.01 g·mL^{-1} NaOH 溶液 100 mL 时,称取 1.0 g 氢氧化钠,用蒸馏水溶解,稀释到 100 mL。一般常用于配制溶质为固体的稀溶液。

3. 体积分数(φ)

即每 100 mL 溶液中含溶质的毫升数。一般用于配制溶质为液体的溶液,如各种浓度的酒精溶液。

4. 物质的量与物质的量浓度

(1) 物质的量(n/mol):

1 mol=6.023×10^{23}个分子;1 mol 葡萄糖(相对分子质量为 180)为 180 g;0.1 mol 清蛋白(相对分子质量为 68 000)为 6 800 g 或 6.8 kg。

(2) 物质的量浓度(c/ mol·L^{-1}):

一般指的是体积摩尔浓度,即在 1L 溶液中含有溶质的物质的量。

$$物质的量浓度=\frac{溶质的质量(g)}{溶质的相对分子质量}$$，溶解后定容至 1 000 mL。

称取溶质的克数＝需配制溶液的物质的量浓度×溶质的相对分子质量×需配制溶液的毫升数÷1 000

例如，配制 2 mol·L^{-1}碳酸钠溶液 500 mL(Na_2CO_3 的相对分子质量为 106)

$$2\ mol\cdot L^{-1}\times 106\times 500\ mL\div 1\ 000=106\ g$$

将 106 g 无水碳酸钠溶解后，在容量瓶中稀释至 500 mL。

5. 质量摩尔浓度(m)

如果以 1 000 g 溶剂中含有溶质的物质的量表示溶液的溶度，则称为质量摩尔浓度。其计算方法与前者类似。由于质量摩尔浓度的溶液中溶剂是以质量来计算的，所以不受温度的影响。

$$1\ mol\ 溶液=1\ mol\cdot kg^{-1}=1\ mmol\cdot g^{-1}=1\ \mu mol\cdot mg^{-1};$$

类似地：$1\ mmol\ 溶液=1\ mmol\cdot kg^{-1}=1\ \mu mol\cdot g^{-1}$

对尚无明确分子组成，如存在于提取物中的蛋白质或核酸浓度，或某混合物中的生物活性化合物，如维生素 B_{12} 和血清免疫球蛋白等相对分子质量尚未被肯定的物质，其浓度以单位容积中的溶质的质量(而非 mol·kg^{-1})表示，如g·L^{-1}，mg·L^{-1}，μg·L^{-1}等。

(二) 溶液浓度的调整

1. 浓溶液稀释法

从浓溶液稀释成稀溶液可根据浓度与体积成正比的原理进行计算：

$$c_1\times V_1=c_2\times V_2$$

式中：V_1 为浓溶液体积；c_1 为浓溶液浓度；V_2 为稀溶液体积；c_2 为稀溶液浓度。

例如，将 6 mol·L^{-1}硫酸 250 mL 稀释成 1.5 mol·L^{-1}可得多少毫升?

$$6\ mol\cdot L^{-1}\times 250\ mL=1.5\ mol\cdot L^{-1}\times V_2$$

$$V_2=\frac{6\ mol\cdot L^{-1}\times 250\ mL}{1.5\ mol\cdot L^{-1}}=1\ 000\ mL$$

2. 稀溶液浓度的调整

同样按照溶液的浓度与体积成反比的原理进行计算：

$$c\times(V_1+V_2)=c_2\times V_2+c_1\times V_1$$

式中：c 为所需溶液浓度；c_1 为浓溶液的浓度；V_1 为浓溶液的体积；c_2 为稀溶液的浓度；V_2 为稀溶液的体积。

例如，现有 0.2 mol·L^{-1}氢氧化钠溶液 500 mL，需要加多少毫升的 1 mol·L^{-1}氢氧化钠溶液，才能成为 0.5 mol·L^{-1}氢氧化钠溶液?

设所需 1 mol·L^{-1}氢氧化钠溶液的毫升数为 x，代入公式：

$$0.5\ mol\cdot L^{-1}\times(x+500\ mL)=0.2\ mol\cdot L^{-1}\times 500\ mL+1\ mol\cdot L^{-1}\times x$$

$$x=300\ mL$$

3. 溶液浓度互换公式

$$质量分数/\%=\frac{物质的量浓度\times 相对分子质量}{溶液体积\times 密度}$$

$$物质的量浓度/(mol\cdot L^{-1})=\frac{质量分数\times 溶液体积\times 密度}{相对分子质量}$$

附录二　常用蛋白质等电点参考值

蛋白质	等电点	蛋白质	等电点
鲑精蛋白	12.10	α-眼晶体蛋白	4.80
鲱精蛋白	12.10	β-眼晶体蛋白	6.00
鲟精蛋白	11.71	花生球蛋白	5.10
胸腺组蛋白	10.80	伴花生球蛋白	3.90
珠蛋白(人)	7.50	角蛋白类	3.70～5.00
卵白蛋白	4.71；4.59	还原角蛋白	4.60～4.70
伴清蛋白	6.80；7.10	胶蛋白	6.60～6.80
血清白蛋白	4.70～4.90	鱼胶	4.8～05.20
肌清蛋白	3.50	白明胶	4.70～5.00
肌浆蛋白	6.30	α-酪蛋白	4.00～4.10
β-乳球蛋白	5.10～5.30	β-酪蛋白	4.50
卵黄蛋白	4.80～5.00	γ-酪蛋白	5.80～6.00
γ_1-球蛋白(人)	5.80；6.60	α-卵类黏蛋白	3.83～4.41
γ_2-球蛋白(人)	7.30；8.20	α_1-黏蛋白	1.80～2.70
肌球蛋白 A	5.20～5.50	卵黄类黏蛋白	5.50
原肌球蛋白	5.10	尿促性腺激素	3.20～3.30
铁传递蛋白	5.90	溶菌酶	11.00～11.20
胎球蛋白	3.40～3.50	肌红蛋白	6.99
血纤蛋白原	5.50～5.80	血红蛋白(人)	7.07
血红蛋白(鸡)	7.23	芜菁黄花病毒	3.75
血红蛋白(马)	6.92	牛痘病毒	5.30
血蓝蛋白	4.60～6.40	生长激素	6.85
蚯蚓血红蛋白	5.60	催乳激素	5.73
血绿蛋白	4.30～4.50	胰岛素	5.35
无脊椎血红蛋白	4.60～6.20	胃蛋白酶	1.00 左右
细胞色素 c	9.80～10.10	糜蛋白酶	8.10
视紫质	4.47～4.57	蛋白牛血清白蛋白	4.90
促凝血酶原激酶	5.20	核糖核酸酶(牛胰)	7.80
α_1-脂蛋白	5.50	甲状腺球蛋白	4.58
β_1-脂蛋白	5.40	胸腺核组蛋白	4.00 左右
β-卵黄脂磷蛋白	5.90		

附录三　常用缓冲液的配制方法

一、缓冲理论基础

由一定物质组成的溶液，在加入一定量的酸或碱时，其 pH 改变甚微或不改变，此溶液称为缓冲溶液，在许多生化实验中，为了准确控制 pH 的变化，必须使用缓冲溶液。典型的缓冲溶液具有下列性质：

1. 在缓冲溶液中，加入少量的强酸或强碱，溶液的 pH 基本不变；
2. 将缓冲溶液稀释，稀释前后的溶液的 pH 基本不变。

由 Henderson-Hasselbalch 方程：$pH = pK_a + \lg \frac{c_{酸}}{c_{盐}}$

可以看出，缓冲溶液的 pH 取决于两个因素，一是弱酸的 pK_a，即决定于弱酸的电离常数的大小，另一个是酸与盐的浓度比，由于在同一种缓冲液中，pK_a 是一个常数，因此溶液的 pH 就决定于 $c_{酸}/c_{盐}$ 的比值。适当改变它们的比例，就可以配制各种不同 pH 的缓冲溶液。

二、常用缓冲溶液的配制

（一）配制步骤

我们以配制 1 L pH 4.6 的醋酸缓冲液为例说明缓冲液的配制步骤。

1. 配制 1 L 与醋酸缓冲液相同物质的量浓度的醋酸溶液。
2. 配制 1 L 与醋酸缓冲液相同物质的量浓度的醋酸钠溶液。
3. 根据 Henderson-Hasselbalch 方程计算出一定 pH 下醋酸与醋酸钠的物质的量浓度之比，从而计算出醋酸缓冲液中醋酸与醋酸钠溶液的体积分数。
4. 由计算出的醋酸与醋酸钠溶液的体积分数计算出 1 L 缓冲液中应加入的同物质的量浓度的醋酸与醋酸钠的量，并按此分别量取醋酸与醋酸钠溶液。将二者混合，即为醋酸缓冲液。
5. 用精密酸度计测量缓冲液的 pH，如果低于 4.6，则向缓冲液中滴加醋酸钠溶液，并不断搅拌，直到 pH 达到 4.6 为止。同理，如果测量的 pH 高于 4.6，则用醋酸溶液将 pH 调到 4.6。

注意：实际工作中，为了简便操作，在完成上述 1，2 步后，可直接将上述两种溶液相互混加，用酸度计测量直至达到所需缓冲液的 pH 后即可。

（二）常用缓冲液的配制

1. 醋酸-醋酸钠缓冲液

pH	0.2 mol·L^{-1} 醋酸/mL	0.2 mol·L^{-1} 醋酸钠/mL	pH	0.2 mol·L^{-1} 醋酸/mL	0.2 mol·L^{-1} 醋酸钠/mL
3.72	9.0	1.0	4.80	4.0	6.0
4.05	8.0	2.0	4.99	3.0	7.0
4.27	7.0	3.0	5.23	2.0	8.0
4.45	6.0	4.0	5.37	1.5	8.5
4.63	5.0	5.0	5.57	1.0	9.0

① 0.2 mol·L^{-1}醋酸溶液：1 000 mL 该溶液中含醋酸 12.00 g。

② 0.2 mol·L^{-1}醋酸钠溶液：1 000 mL 该溶液中含醋酸钠 16.41 g。

2. 磷酸氢二钠-磷酸二氢钠缓冲液

pH	0.2 mol·L^{-1} Na_2HPO_4/mL	0.2 mol·L^{-1} NaH_2PO_4/mL	pH	0.2 mol·L^{-1} Na_2HPO_4/mL	0.2 mol·L^{-1} NaH_2PO_4/mL
5.8	8.0	92.0	7.0	61.0	39.0
6.0	12.3	87.7	7.2	72.0	28.0
6.2	18.5	81.5	7.4	81.0	19.0
6.4	26.5	73.5	7.6	87.0	13.0
6.6	37.5	62.5	7.8	91.5	8.5
6.8	49.0	51.0	8.0	94.7	5.3

① 0.2 mol·L^{-1}磷酸氢二钠溶液：1 000 mL 该溶液中含磷酸氢二钠 28.40 g。

② 0.2 mol·L^{-1}磷酸二氢钠溶液：1 000 mL 该溶液中含磷酸二氢钠 24.00 g。

3. 巴比妥钠-盐酸缓冲液

pH	0.1 mol·L^{-1} 巴比妥钠 /mL	0.1 mol·L^{-1} HCl /mL	pH	0.1 mol·L^{-1} 巴比妥钠 /mL	0.1 mol·L^{-1} HCl /mL
6.8	5.22	4.78	8.4	8.23	1.77
7.0	5.36	4.64	8.6	8.71	1.29
7.2	5.54	4.46	8.8	9.08	0.92
7.4	5.81	4.19	9.0	9.36	0.64
7.6	6.15	3.85	9.2	9.52	0.48
7.8	6.62	3.38	9.4	9.74	0.26
8.0	7.16	2.84	9.6	9.85	0.15
8.2	7.69	2.31			

0.1 mol·L^{-1}巴比妥钠溶液：M_r=206.18；1 000 mL 该溶液中含巴比妥钠 20.618 g。

4. 磷酸氢二钠-柠檬酸缓冲液

pH	0.2 mol·L^{-1} Na_2HPO_4/mL	0.1 mol·L^{-1} 柠檬酸 /mL	pH	0.2 mol·L^{-1} Na_2HPO_4/mL	0.1 mol·L^{-1} 柠檬酸 /mL
2.2	0.40	19.60	5.2	10.72	9.28
2.4	1.24	18.76	5.4	11.15	8.85
2.6	2.18	17.82	5.6	11.60	8.40
2.8	3.17	16.83	5.8	12.09	7.91
3.0	4.11	15.89	6.0	13.63	7.37
3.2	4.94	15.06	6.2	13.22	6.78
3.4	5.70	14.30	6.4	13.85	6.15
3.6	6.44	13.56	6.6	14.55	5.45
3.8	7.10	12.90	6.8	15.45	4.55
4.0	7.71	12.29	7.0	16.47	3.53
4.2	8.28	11.72	7.2	17.39	2.61
4.4	8.82	11.18	7.4	18.17	1.83
4.6	9.35	10.65	7.6	18.73	1.27
4.8	9.86	10.14	7.8	19.15	0.85
5.0	10.30	9.70	8.0	19.45	0.55

① Na_2HPO_4　M_r=141.98；0.2 mol·L^{-1}溶液为 28.40 g·L^{-1}。

② $Na_2HPO_4 \cdot 2H_2O$　M_r=178.05；0.2 mol·L^{-1}溶液为 35.61 g·L^{-1}。

③ $Na_2HPO_4 \cdot 12H_2O$　M_r=358.22；0.2 mol·L^{-1}溶液为 71.64 g·L^{-1}。

④ 柠檬酸($C_6H_8O_7 \cdot H_2O$)　M_r=210.14；0.1 mol·L^{-1}溶液为 21.01 g·L^{-1}。

5. 柠檬酸-柠檬酸钠缓冲液

pH	0.1 mol·L^{-1} 柠檬酸 /mL	0.1 mol·L^{-1} 柠檬酸钠 /mL	pH	0.1 mol·L^{-1} 柠檬酸 /mL	0.1 mol·L^{-1} 柠檬酸钠 /mL
3.0	18.6	1.4	5.0	8.2	11.8
3.2	17.2	2.8	5.2	7.3	12.7
3.4	16.0	4.0	5.4	6.4	13.6
3.6	14.9	5.1	5.6	5.5	14.5
3.8	14.0	6.0	5.8	4.7	15.3
4.0	13.1	6.9	6.0	3.8	16.2
4.2	12.3	7.7	6.2	2.8	17.2
4.4	11.4	8.6	6.4	2.0	18.0
4.6	10.3	9.7	6.6	1.4	18.6
4.8	9.2	10.8			

① 柠檬酸($C_6H_8O_7 \cdot H_2O$) M_r=210.14；0.1 mol·L^{-1}溶液为 21.01 g·L^{-1}。

② 柠檬酸钠($Na_3C_6H_5O_7 \cdot 2H_2O$) M_r=294.12；0.1 mol·L^{-1}溶液为 29.41 g·L^{-1}。

6. 磷酸氢二钠-磷酸二氢钾缓冲液

pH	1/15 mol·L^{-1} Na_2HPO_4/mL	1/15 mol·L^{-1} KH_2PO_4/mL	pH	1/15 mol·L^{-1} Na_2HPO_4/mL	1/15 mol·L^{-1} KH_2PO_4/mL
4.92	0.10	9.90	7.17	7.00	3.00
5.29	0.50	9.50	7.38	8.00	2.00
5.91	1.00	9.00	7.73	9.00	1.00
6.24	2.00	8.00	8.04	9.50	0.50
6.47	3.00	7.00	8.34	9.75	0.25
6.64	4.00	6.00	8.67	9.90	0.10
6.81	5.00	5.00	8.18	10.00	0.00
6.98	6.00	4.00			

① $Na_2HPO_4 \cdot 2H_2O$ M_r=178.05；1/15 mol·L^{-1}溶液为 11.876 g·L^{-1}。

② KH_2PO_4 M_r=136.09；1/15 mol·L^{-1}溶液为 9.078 g·L^{-1}。

7. 磷酸二氢钾-氢氧化钠缓冲液(0.05 mol·L^{-1})

x mL 0.2 mol·L^{-1} KH_2PO_4 + y mL 0.2 mol·L^{-1} NaOH，加蒸馏水稀释至 20 mL。

pH(20 ℃)	x /mL	y /mL	pH(20 ℃)	x /mL	y /mL
5.8	5	0.372	7.0	5	2.963
6.0	5	0.570	7.2	5	3.500
6.2	5	0.860	7.4	5	3.950
6.4	5	1.260	7.6	5	4.280
6.6	5	1.780	7.8	5	4.520
6.8	5	2.365	8.0	5	4.680

8. 磷酸氢二钠-氢氧化钠缓冲液

50 mL 0.05 mol·L^{-1}磷酸氢二钠+x mL 0.1 mol·L^{-1}氢氧化钠，加水稀释至100 mL。

pH	x /mL	pH	x /mL	pH	x /mL
10.9	3.3	11.3	7.6	11.7	16.2
11.0	4.1	11.4	9.1	11.8	19.4
11.1	5.1	11.5	11.1	11.9	23.0
11.2	6.3	11.6	13.5	12.0	26.9

① $Na_2HPO_4 \cdot 2H_2O$　M_r=178.05；0.05 mol·L^{-1}溶液为8.90 g·L^{-1}。

② $Na_2HPO_4 \cdot 12H_2O$　M_r=358.22；0.05 mol·L^{-1}溶液为17.91 g·L^{-1}。

9. 甘氨酸-盐酸缓冲液(0.05 mol·L^{-1})

x mL 0.2 mol·L^{-1}甘氨酸+y mL 0.2 mol·L^{-1} HCl，加水稀释至200 mL。

pH	x /mL	y /mL	pH	x /mL	y /mL
2.2	50	44.0	3.0	50	11.4
2.4	50	32.4	3.2	50	8.2
2.6	50	24.2	3.4	50	6.4
2.8	50	16.8	3.6	50	5.0

甘氨酸　M_r=75.07；0.2 mol·L^{-1}溶液为15.01 g·L^{-1}。

10. 甘氨酸-氢氧化钠缓冲液(0.05 mol·L^{-1})

x mL 0.2 mol·L^{-1}甘氨酸+y mL 0.2 mol·L^{-1}氢氧化钠，加蒸馏水稀释至200 mL。

pH	x /mL	y /mL	pH	x /mL	y /mL
8.6	50	4.0	9.6	50	22.4
8.8	50	6.0	9.8	50	27.2
9.0	50	8.8	10.0	50	32.0
9.2	50	12.0	10.4	50	38.6
9.4	50	16.8	10.6	50	45.5

甘氨酸　M_r=75.07；0.2 mol·L^{-1}溶液为15.01 g·L^{-1}。

11. Tris-HCl缓冲液(25 ℃)

50 mL 0.1 mol·L^{-1}三羟甲基氨基甲烷(Tris)溶液与x mL 0.1 mol·L^{-1}盐酸混匀后，加水稀释至100 mL。

pH	x /mL	pH	x /mL
7.10	45.7	8.10	26.2
7.20	44.7	8.20	22.9
7.30	43.4	8.30	19.9
7.40	42.0	8.40	17.2
7.50	40.3	8.50	14.7
7.60	38.5	8.60	12.4
7.70	36.6	8.70	10.3
7.80	34.5	8.80	8.5
7.90	32.0	8.90	7.0
8.00	29.2		

三羟甲基氨基甲烷　M_r=121.14；0.1 mol·L^{-1}溶液相当于12.114 g·L^{-1}。Tris溶液可从空气中吸收二氧化碳，使用时注意将瓶盖严。

12. 碳酸钠-碳酸氢钠缓冲液(0.1 mol·L^{-1})

Ca^{2+}，Mg^{2+}存在时不得使用。

pH		0.1 mol·L^{-1} Na_2CO_3 /mL	0.1 mol·L^{-1} $NaHCO_3$ /mL
20 ℃	37 ℃		
9.16	8.77	1	9
9.40	9.12	2	8
9.51	9.40	3	7
9.78	9.50	4	6
9.90	9.72	5	5
10.14	9.90	6	4
10.28	10.08	7	3
10.53	10.28	8	2
10.83	10.57	9	1

① $Na_2CO_3 \cdot 10H_2O$　M_r=286.2；0.1 mol·L^{-1}溶液相当于28.62 g·L^{-1}。

② $NaHCO_3$　M_r=84.0；0.1 mol·L^{-1}溶液相当于8.40 g·L^{-1}。

附录四　硫酸铵饱和度的常用表

一、调整硫酸铵溶液饱和度计算表(25 ℃)

	硫酸铵终浓度，%饱和度																
硫酸铵初浓度，%饱和度	10	20	25	30	33	35	40	45	50	55	60	65	70	75	80	90	100
	每 1L 溶液加固体硫酸铵的克数*																
0	56	114	144	176	196	209	243	277	313	351	390	430	472	516	561	662	767
10		57	86	118	137	150	183	216	251	288	326	365	406	449	494	592	694
20			29	59	78	91	123	155	189	225	262	300	340	382	424	520	619
25				30	49	61	93	125	158	193	230	267	307	348	390	485	583
30					19	30	62	94	127	162	198	235	273	314	356	449	546
33						12	43	74	107	142	177	214	252	292	333	426	522
35							31	63	94	129	164	200	238	278	319	411	506
40								31	63	97	132	168	205	245	285	375	469
45									32	65	99	134	171	210	250	339	431
50										33	66	101	137	176	214	302	392
55											33	67	103	141	179	264	353
60												34	69	105	143	227	314
65													34	70	107	190	275
70														35	72	153	237
75															36	115	198
80																77	157
90																	79

* 在 25 ℃，硫酸铵溶液由初浓度调到终浓度时，每 1L 溶液所加固体硫酸铵的克数。

二、硫酸铵溶液饱和度计算表(0 ℃)

硫酸铵初浓度，%饱和度	硫酸铵终浓度，%饱和度																
	20	25	30	35	40	45	50	55	60	65	70	75	80	85	90	95	100
	每 100mL 溶液加固体硫酸铵的克数*																
0	10.6	13.4	16.4	19.4	22.6	25.8	29.1	32.6	36.1	39.8	43.6	47.6	51.6	55.9	60.3	65.0	69.7
5	7.9	10.8	13.7	16.6	19.7	22.9	26.2	29.6	33.1	36.8	40.5	44.4	48.4	52.6	57.0	61.5	66.2
10	5.3	8.1	10.9	13.9	16.9	20.0	23.3	26.6	30.1	33.7	37.4	41.2	45.2	49.3	53.6	58.1	62.7
15	2.6	5.4	8.2	11.1	14.1	17.2	20.4	23.7	27.1	30.6	34.3	38.1	42.0	46.0	50.3	54.7	59.2
20	0.0	2.7	5.5	8.3	11.3	14.3	17.5	20.7	24.1	27.6	31.2	34.9	38.7	42.7	46.9	51.2	55.7
25		0.0	2.7	5.6	8.4	11.5	14.6	17.9	21.1	24.5	28.0	31.7	35.5	39.5	43.6	47.8	52.2
30			0.0	2.8	5.6	8.6	11.7	14.8	18.1	21.4	24.9	28.5	32.3	36.2	40.2	44.5	48.8
35				0.0	2.8	5.7	8.7	11.8	15.1	18.4	21.8	25.4	29.1	32.9	36.9	41.0	45.3
40					0.0	2.9	5.8	8.9	12.0	15.3	18.7	22.2	25.8	29.6	33.5	37.6	41.8
45						0.0	2.9	5.9	9.0	12.3	15.6	19.0	22.6	26.3	30.2	34.2	38.3
50							0.0	3.0	6.0	9.2	12.5	15.9	19.4	23.0	26.8	30.8	34.8
55								0.0	3.0	6.1	9.3	12.7	16.1	19.7	23.5	27.3	31.3
60									0.0	3.1	6.2	9.5	12.9	16.4	20.1	23.1	27.9
65										0.0	3.1	6.3	9.7	13.2	16.8	20.5	24.4
70											0.0	3.2	6.5	9.9	13.4	17.1	20.9
75												0.0	3.2	6.6	10.1	13.7	17.4
80													0.0	3.3	6.7	10.3	13.9
85														0.0	3.4	6.8	10.5
90															0.0	3.4	7.0
95																0.0	3.5
100																	0.0

* 在 0 ℃，硫酸铵溶液由初浓度调到终浓度时，每 100mL 溶液所加固体硫酸铵的克数。

三、不同温度下的饱和硫酸铵溶液

温度/℃	0	10	20	25	30
每 1 000 mL 水中含硫酸铵物质的量/mol	5.35	5.53	5.73	5.82	5.91
质量分数/%	41.42	42.22	43.09	43.47	43.85
1 000 mL 水用硫酸铵饱和所需克数	706.80	730.50	755.80	766.80	777.50
每 1L 饱和溶液含硫酸铵克数	514.80	525.20	536.50	541.20	545.90
饱和溶液物质的量浓度	3.90	3.97	4.06	4.10	4.13

附录五　氨基酸的一些理化常数

氨基酸名称	相对分子质量	熔点[①] /℃	等电点 /pI	溶解度 %(25 ℃)	$[\alpha]^{24\sim26}$[②]
甘氨酸(Glycine)(Gly)	75.07	292d	5.97	24.990	
L-丙氨酸(L-Alanine)(Ala)	89.07	297d	6.00	16.650	A +14.60 B +1.80
L-丝氨酸(L-Serine)(Ser)	105.09	223d	5.68	25.000	A +15.10 B −7.50
L-苏氨酸(L-Threonine)(Thr)	119.12	253d	6.16	易溶	A −15.00 B −28.50
L-缬氨酸(L-Valine)(Val)	117.15	315d	5.96	8.850	A +28.30 B +5.63
L-亮氨酸(L-Leucine)(Leu)	131.17	337d	5.98	2.190	A +16.00 B −11.00
L-异亮氨酸(L-Isoleucine)(Ile)	131.17	285d	6.02	4.120	A +39.50 B +12.40
L-半胱氨酸(L-Cysteine)(Cys)	121.15		5.07	易溶	A +6.50 B −16.50
L-胱氨酸(L-Cystine)(Cyss)	240.29	258	5.05	0.011	A −232.00
L-蛋氨酸(L-Methionine)(Met)	149.21	283d	5.74	易溶	A +23.20 B −10.00
L-天门冬氨酸(L-Aspartic acid)(Asp)	133.10	269～271	2.77	0.500	A +25.40 B +5.05
L-天门冬酰胺(L-Asparagine)(Asn)	132.12	236d (水合物)		2.980	C +33.20 B +5.40
L-谷氨酸(L-Glutamic acid)(Glu)	147.13	247 (208d)	3.22	0.864	A +31.80 B +12.00
L-谷氨酰胺(L-Glutamine)(Gln)	146.15	184		4.250	D +31.80 B +6.30
L-精氨酸(L-Arginine)(Arg)	174.20	244d	10.76	15.000	A +27.60 B +12.50
L-赖氨酸(L-Lysine)(Lys)	146.19	224d	9.74	易溶	A +25.90 B +13.50
L-苯丙氨酸(L-Phenylalanine)(Phe)	165.19	283d	5.48	2.960	A −4.47 B −34.50

续表

氨基酸名称	相对分子质量	熔点①/℃	等电点/pI	溶解度%(25 ℃)	$[\alpha]^{24\sim26}$②
L-酪氨酸(L-Tyrosine)(Tyr)	181.19	342 (295d)	5.66	0.045	A −10.00
L-组氨酸(L-Histidine)(His)	155.16	277d		4.160	A +11.80 B −38.50
L-色氨酸(L-Tryptophane)(Try)	204.22	281 (289)	5.89	1.140	D +2.80 B −33.70
L-脯氨酸(L-Proline)(Pro)	115.13	220d	6.30	162.300	A −60.40 B −86.20
L-羟脯氨酸(L-Hydroxy-proline)(Hyp)	131.13	270d	5.83	36.110	A −50.50 B −76.00
L-瓜氨酸(L-Citrulline)(Cit)	175.19	234 237d		易溶	A +24.20 B +4.00
L-鸟氨酸(L-Ornithine)(Orn)	132.16			易溶	A +28.40 B +12.10

① d代表到达熔点后分解。

② A：于5 mol·L^{-1} HCl中；B：于水中；C：于3 mol·L^{-1}HCl中；D：于1 mol·L^{-1} HCl中。

附录六　常用酸碱和固态化合物的一些数据

一、实验室中常用酸碱的密度和浓度的关系

名　称	分子式	相对分子质量	密度	质量分数/%	物质的量浓度(粗略)/(mol·L^{-1})	配 1 L 1 mol·L^{-1}溶液所需毫升数
盐　酸	HCl	36.47	1.190	37.20	12.0	84
			1.180	35.40	11.8	
			1.100	20.00	6.0	
硫　酸	H_2SO_4	98.09	1.840	95.60	36.0	28
			1.180	24.80	6.0	
硝　酸	HNO_3	63.02	1.420	70.98	16.0	63
			1.400	65.30	14.5	
			1.200	32.36	6.1	
冰醋酸	CH_3COOH	60.05	1.050	99.50	17.4	59
醋　酸	CH_3COOH		1.075	80.00	14.3	
磷　酸	H_3PO_4	98.06	1.710	85.00	15.0	67
氨　水	$NH_3 \cdot H_2O$	35.05	0.900		15.0	67
			0.904	27.00	14.3	70
			0.910	25.00	13.4	
			0.960	10.00	5.6	
氢氧化钠溶液	$NaOH$	40.00	1.540	50.00	19.0	53
氢氧化钾溶液	KOH	56.10	1.538	50.00	13.7	

二、常用固态化合物的物质的量浓度配制参考表

名　称	分子式	相对分子质量	浓　度	
			c/(mol·L^{-1})	ρ/(g·L^{-1})
草　酸	$COOHCOOH \cdot 2H_2O$	126.08	1.0	63.040 0
柠檬酸	$H_3C_6H_5O_7 \cdot H_2O$	210.14	0.1	7.000 0
氢氧化钾	KOH	56.10	5.0	280.500 0
氢氧化钠	$NaOH$	40.00	1.0	40.000 0
碳酸钠	Na_2CO_3	106.00	1.0	53.000 0
磷酸氢二钠	$Na_2HPO_4 \cdot 12H_2O$	358.20	1.0	358.200 0
磷酸二氢钾	KH_2PO_4	136.10	1/15	9.080 0
重铬酸钾	$K_2Cr_2O_7$	294.20	0.1	4.903 5
碘化钾	KI	166.00	0.5	83.000 0
高锰酸钾	$KMnO_4$	158.00	0.1	3.160 0
醋酸钠	CH_3COONa	82.04	1.0	82.040 0
硫代硫酸钠	$Na_2S_2O_3 \cdot 5H_2O$	248.20	0.1	24.820 0

主要参考文献

[1]董晓燕.生物化学实验[M].北京:化学工业出版社,2008.

[2]王秀奇,等.基础生物化学实验[M].北京:高等教育出版社,2004.

[3]李关荣,李天俊,冯建成.生物化学实验教程[M].北京:中国农业大学出版社,2011.

[4]刘志国.生物化学实验[M].武汉:华中科技大学出版社,2014.

[5]张龙翔,张庭芳,李令媛.生化实验方法和技术[M].北京:高等教育出版社,2004.

[6]何忠效.生物化学实验技术[M].北京:化学工业出版社,2004.

[7]李建武,等.生物化学实验原理和方法[M].北京:北京大学出版社,2004.

[8]王宪泽.生物化学实验技术原理和方法[M].北京:中国农业出版社,2002.

[9]邵雪玲,毛歆,郭一清.生物化学与分子生物学实验指导[M].武汉:武汉大学出版社,2003.

[10]黄如彬.生物化学实验教程[M].北京:世界图书出版公司北京公司,1998.

[11]陈毓荃.生物化学实验方法和技术[M].北京:科学出版社,2008.

[12]付爱玲.生物化学与分子生物学实验教程[M].北京:科学出版社,2015.

[13]李荷,何凤田.生物化学与分子生物学实验[M].北京:科学出版社,2016.

[14]舒广文,洪宗国,尹世金.化学生物学实验[M].北京:化学工业出版社,2016.

[15]胡琼英,秦春,陈敏.生物化学与分子生物学实验技术[M].北京:化学工业出版社,2014.

[16]张志珍,刘勇军.生物化学与分子生物学实验指导[M].北京:科学出版社,2010.